LE

MONDE DE L'AIR

2191

PROPRIÉTÉ DES ÉDITEURS

LE
MONDE DE L'AIR

PAR

ARTHUR MANGIN

TOURS

ALFRED MAME ET FILS, ÉDITEURS

—

M DCCC LXXX

INTRODUCTION

UNE PROMENADE A TRAVERS LE MONDE AÉRIEN

L'air est, pour tous les êtres répandus sur la surface du globe, le principe vital par excellence, puisqu'il peut seul entretenir chez eux la fonction essentielle de la vie, la respiration. Cette vérité fondamentale a été suffisamment établie dans notre volume sur l'air[1].

Les êtres aquatiques, ceux même qui peuplent les abîmes de l'Océan, ne laissent pas d'emprunter indirectement à l'air le gaz oxygène qu'ils respirent. Quant aux êtres terrestres, tous sans exception puisent incessamment et directement dans l'atmosphère qui les environne les éléments indispensables à leur conservation. D'où l'on voit qu'au point de vue purement physiologique, le monde aérien embrasserait l'universalité des animaux à respiration pulmonaire ou trachéenne, depuis l'homme jusqu'au dernier des insectes, et tous les végétaux communément appelés terrestres, depuis le chêne et le palmier superbes jusqu'aux plus imperceptibles cryptogames.

Mais si, laissant de côté les plantes, — invariablement fixées par leurs racines à la terre, dont elles vivent au

---

[1] Un vol. in-8° avec gravures. Tours, A. Mame et fils, éditeurs, 1880.

moins autant que de l'air, — nous voulons nous en tenir au règne animal, nous trouverons dans ce règne des êtres pourvus d'ailes, c'est-à-dire d'organes spéciaux qui leur permettent de se soutenir dans l'air, de s'y mouvoir, d'y chercher leur proie, d'y vivre, en un mot, à peu près comme les poissons vivent dans l'eau. N'est-ce pas de ceux-là seuls qu'on peut dire que l'air est leur élément ? N'est-ce pas par eux que l'atmosphère est vraiment un monde ? — J'entends un monde animé, comparable sous ce rapport à l'Océan, et non simplement une masse de matière passive, soumise à la seule action des forces physiques et chimiques, et d'où les forces organiques seraient bannies.

On a coutume de regarder ces êtres comme des privilégiés de la création. C'est à tort : l'idée de privilège implique celle d'exception ; et si les animaux volants sont l'exception parmi les mammifères, ils sont, en revanche, la règle parmi les insectes et les oiseaux : on compte dans ces deux classes leurs espèces par milliers.

Est-ce à dire que nous nous proposions de passer en revue toutes ces espèces, d'en suivre de point en point la classification et la nomenclature, de pénétrer, à l'aide du scalpel et du microscope, dans les minutieux détails de leur organisme ? Non certes ; notre entreprise est à la fois plus modeste, et, si l'on peut ainsi dire, moins austère.

Ce livre n'est donc pas, comme le lecteur pourrait le craindre, un traité d'entomologie et d'ornithologie ; c'est une causerie familière sur ce monde ailé qui nous montre dans le libre espace la vie avec ses énergies multiples, ses couleurs bigarrées, ses formes infiniment variées, ses industries merveilleuses, ses luttes tragiques et son immense travail de production et de destruction.

J'aurais pu l'intituler, un peu longuement, *Relation pittoresque d'une promenade à travers le monde de l'air;* et ce titre n'eût pas été une fiction. J'ai réellement fait, en compagnie de mon excellent collaborateur M. W. Freeman, cette intéressante promenade, d'où nous avons rapporté, lui, les nombreux et charmants dessins d'après nature que l'on va voir ; moi, les impressions et les descriptions que l'on va lire.

Je vois d'ici, lecteur, l'étonnement et l'incrédulité se peindre sur votre visage. Aussi je me hâte d'ajouter qu'il n'y a dans ceci ni illusion ni sortilège ; que nous n'avons point attaché à nos épaules les ailes d'Icare, ni emprunté à je ne sais plus quel héros des contes orientaux l'anneau magique qui permet de se transporter instantanément d'un lieu dans un autre, en voyant tout sans être vu ; que nous n'avons pas même eu recours au magnétisme, ni à ces breuvages narcotiques qui font, dit-on, voir en rêve ce qu'on ne pourrait voir les yeux ouverts. Nos pieds n'ont point quitté le sol ; nous sommes restés éveillés et dans la pleine possession de nos facultés, dont, Dieu merci, nous jouissons encore à l'heure présente.

Enfin il ne tient qu'à vous de suivre, quand il vous plaira, notre exemple, de refaire après nous la même excursion, de la faire même beaucoup plus complète.

Je vais, sans plus de mystère, vous indiquer le chemin.

Il existe à Paris un établissement que tout le monde connaît : c'est le muséum d'histoire naturelle. Là se tient une sorte d'exposition universelle et permanente des œuvres de la nature. On peut signaler dans cette exposition plus d'une lacune regrettable ; telle qu'elle est cependant, elle offre à la curiosité des amis de la science de quoi se satisfaire largement. Outre ses vastes jardins botaniques, ses serres, sa ménagerie, sa bibliothèque, ses riches collections minéralogiques, le muséum comprend un vaste bâtiment situé dans sa partie méridionale, le long de la rue Geoffroy-Saint-Hilaire : ce sont les *galeries de zoologie,* où se trouvent réunis les représentants du règne animal tout entier, depuis les grands singes anthropomorphes et les gigantesques pachydermes, jusqu'aux zoophytes et aux infusoires.

Les salles des étages supérieurs sont consacrées aux habitants de l'air : aux oiseaux et aux insectes. Cette collection est irréprochable. Les animaux y sont préparés et conservés avec un art et un soin qui leur laissent toutes les appa-
rences de la vie. Ils sont groupés par familles, par genres
et par espèces, dans des vitrines parfaitement éclairées, et
chacun d'eux porte ses noms génériques et spécifiques ins-
crits lisiblement en latin, souvent même en langue vulgaire,
sur une carte numérotée. C'est en parcourant, M. Freeman
et moi, cette nécropole du monde aérien, que nous avons
pu recueillir les matériaux de notre travail.

Quelques lectures ont complété mes études directes sur
les types qui avaient fixé notre attention.

PREMIÈRE PARTIE

LES INSECTES AILÉS

CHAPITRE I

LE MONDE AÉRIEN INVISIBLE. — L'INSECTE.

On ne doit s'attendre à trouver dans les plus riches collections ornithologiques et entomologiques, à plus forte raison dans les quelques pages qui vont suivre, qu'un faible aperçu du monde de l'air : monde infini comme celui de la mer, et qui, pour arriver à l'insecte et à l'oiseau, commence par des milliards de milliards de corpuscules invisibles, poussière impalpable qui se mêle aux molécules gazeuses, et qu'on aperçoit lorsqu'un faisceau de rayons solaires pénètre par une étroite ouverture dans une chambre close. Le rôle de ces corpuscules dans l'économie générale de la nature paraît être considérable, bien que l'imagination de quelques auteurs l'ait peut-être exagéré. Beaucoup de ces corpuscules ne seraient, d'après une théorie récente, autre chose que des germes, des sporules d'infusoires et de cryptogames microscopiques, qui, tombant dans l'eau, s'introduisant dans les liquides et dans les tissus des animaux et des plantes, s'y développeraient et s'y reproduiraient avec une prodigieuse rapidité, refaisant la vie partout où la vie s'éteint ou faiblit, déterminant une multitude de phénomènes restés longtemps inexplicables : la fermentation, la germination, — la végétation même, si l'on en croit certains micrographes, — et occasionnant plusieurs de nos maladies. Nous absorbons ces germes avec l'air que nous respirons ; ils se répandent, dit-on, dans nos organes et jusque dans nos vaisseaux circulatoires pour corrompre notre sang, pour nous dévorer. Ils restent improductifs tant que les forces vitales persistent, tant qu'elles conservent leur énergie et leur équilibre ; mais la moindre perturbation de l'organisme peut leur livrer notre corps, et ils s'en emparent sans conteste dès que la mort survient. De telle sorte que notre grande affaire serait de réagir à tout instant contre ces causes, toujours et partout présentes, de destruction ; ce qui, notons-le en passant, justifierait la définition que Bichat a donnée de la vie : « l'ensemble des fonctions qui résistent à la mort, » et confirmerait même jusqu'à un certain point dans son principe, sinon dans ses applications, la célèbre théorie nosologique de feu Raspail.

Il est probable, d'ailleurs, que la plupart des mouches et des moucherons vivent en grande partie des corpuscules de nature animale et végétale tenus en suspension dans l'atmosphère, bien qu'ils empruntent souvent aussi leur nourriture, soit aux plantes, soit à des animaux beaucoup plus forts qu'eux ; car dans le monde des insectes, au contraire de ce qu'on voit communément, c'est plutôt le plus petit qui vit aux dépens du plus grand que le plus grand aux dépens du plus petit. A la classe des insectes appartiennent en grande partie ces légions de parasites qui s'attachent aux animaux de toute espèce pour vivre de leur substance. C'est un préjugé fort répandu parmi le peuple, qu'il y a imprudence à débarrasser trop tôt les enfants de la vermine qui presque toujours les envahit à un certain âge. Je serais presque tenté de voir dans ce préjugé une sorte de résignation instinctive à la loi du parasitisme qui semble peser sur la nature entière. Le fait est que les plus petits animaux y sont soumis comme les plus grands ; la mouche, le puceron, les moindres insectes ont leurs parasites, et il y a lieu de croire que ces parasites, déjà imperceptibles, sont eux-mêmes les victimes d'autres parasites tellement petits que nos meilleurs instruments ne nous permettent pas de les apercevoir.

Les parasites ne forment point un ordre distinct dans la série entomologique. Un grand nombre ne sont même pas des insectes, mais des annélides. Quelques-uns sont des larves, qui plus tard auront des ailes et une existence plus honorable. Plusieurs enfin appartenaient jadis à l'ordre des *aptères* (ἀ privatif, et πτερόν, aile), c'est-à-dire des insectes sans ailes, que les naturalistes modernes ont supprimés, et dont ils ont distribué les membres, *disjecta membra*, dans les deux ordres des *diptères* (insectes à deux ailes) et des *hémiptères* (insectes à demi-ailes).

Les autres ordres aujourd'hui reconnus sont ceux des *hyménoptères* (ailes membraneuses), des *névroptères* (ailes à nervures), des *coléoptères* (ailes à étuis), des *orthoptères* (ailes droites) et des *lépidoptères* (ailes écailleuses).

On voit que, suivant cette classification, tous les insectes complets sont censés avoir des ailes, bien que beaucoup en soient absolument dépourvus. Il ne m'appartient point de discuter les motifs, très sérieux sans doute, qui ont décidé les entomologistes à ranger la punaise et le pou (sauf votre respect) parmi les insectes à demi-ailes (hémiptères), et la puce parmi les insectes à deux ailes (diptères). Heureusement ces affreuses bêtes ne peuvent avoir rien de commun avec le monde aérien, et nous sommes dispensés de nous en occuper.

Ce n'est pas qu'il ne faille, pour étudier de près les insectes, même ailés, réprimer certaines répugnances dont peu de personnes sont exemptes. J'avoue que, quant à moi, les insectes m'inspirent une aversion invincible. Les plus incontestablement beaux, ceux que la nature a parés des teintes les plus splendides, des reflets les plus brillants, trouvent à peine grâce devant cette antipathie involontaire. Je les regarde, je les admire; mais je ne les touche pas volontiers. Cela tient, je crois, à ce qu'ils sont trop loin de nous sous le rapport de l'organisation, et plus encore à ce que presque tous sont réellement pour nous des ennemis. Ceux qui ne nous attaquent pas personnellement nous incommodent par leur contact, par leur bourdonnement, ou s'en prennent aux produits de nos cultures, dévorent nos moissons, nos plantations, nos bois. Il en est qui vivent d'immondices, de chair morte; ceux-là peuvent avoir leur utilité dans les contrées sauvages où, sans eux, sans leurs puissants collaborateurs, les corbeaux et les vautours, rien ne s'opposerait à l'infection de l'air par les cadavres et les charognes abandonnés au hasard dans les champs, dans les bois et sur les chemins. Mais ces insectes, à raison même de leur rôle, de leur genre de vie, n'en sont que plus dégoûtants, et nous qui savons sans eux enterrer nos morts, nettoyer nos routes et nos rues, nous avons bien le droit de les repousser.

Reste le petit nombre de ce qu'on peut appeler les insectes industriels, tels que la cochenille et le ver à soie. Je n'en veux point médire. Il faut avouer cependant que s'il y a quelque chose d'admirable, c'est que des choses aussi belles que la couleur de pourpre et la soie nous viennent de si vilaines bêtes [1].

Je sais bien qu'aux yeux du naturaliste la laideur ou la beauté d'un animal ou d'une plante est chose très secondaire, et dont il a peu de souci. Que lui importent le plus ou moins d'élégance des formes, la vivacité ou l'agencement des couleurs ? Ce qui le captive avant tout, c'est la structure et le jeu des organes, l'harmonie des fonctions. Il se passionnera pour des recherches anatomiques à instituer ou à compléter, pour une lacune à combler dans la série des genres ou des espèces ; et sous l'empire de ces préoccupations, il sera capable d'oublier, pour quelque insecte réputé à bon droit immonde ou malfaisant, les plus graves intérêts.

Le savant Latreille, — celui qu'on a nommé *le prince de l'entomologie française,* — arrêté à Bordeaux en 1793, jeté en prison et près de subir devant le tribunal révolutionnaire un jugement qui, selon toute probabilité, devait être un arrêt de mort, — Latreille aperçoit un jour dans son cachot une *nécrobie à collier roux,* un petit coléoptère qui, comme son nom l'indique, ne se nourrit que de cadavres. Aussitôt l'entomologiste oublie tout, jusqu'à l'échafaud, pour ne plus songer qu'à sa trouvaille.

Il en parle avec enthousiasme au médecin des prisons, et le prie de remettre de sa part ce précieux échantillon « à quelqu'un qui soit digne de l'apprécier ». Le médecin porte l'insecte à Bory de Saint-Vincent. Celui-ci, en apprenant le dan-

---

[1] Certains bombyx, ceux de l'ailante, du ricin et du chêne, sont de fort beaux papillons; mais leurs chenilles, qui font la soie, sont toutes laides... comme des chenilles.

ger de Latreille, met ses amis en campagne et parvient à obtenir du proconsul Tallien l'élargissement de son confrère. Un autre que Latreille eût écrasé l'innocente bête, qui fut pour lui un instrument de salut, et dont il ne parlait plus, dans la suite, qu'avec reconnaissance. « Cet insecte m'est bien cher, dit-il dans son grand ouvrage *Genera crustaceorum et insectorum*; car dans ces temps malheureux où la France gémissait, accablée de toutes les calamités à la fois, avec l'aide amicale de Bory de Saint-Vincent et de Dargelas, de Bordeaux, ce petit animal fut, par une circonstance miraculeuse, l'occasion de mon salut et de ma liberté. »

Il avait pris pour épigraphe de ce même ouvrage la phrase latine suivante, empruntée à la *Faune suédoise* de Linné : *Quod alii venationibus, confabulationibus, tesseris, chartis, lusibus, compotationibus insumunt, illud ego tempus insectis indagandis, colendis, contemplandis impendo* [1].

Il faut bien que les insectes aient quelque chose d'intéressant, pour que des Linné et des Latreille, qui certes n'étaient pas de petits esprits, aient préféré le plaisir de les étudier à tous ceux que le commun des hommes recherche avec tant d'avidité. Je pourrais ajouter à ces exemples celui d'un des plus éminents écrivains de ce siècle, qui a su trouver dans *l'Insecte* le sujet d'un livre émouvant, dramatique, presque d'un poème. Sachons donc, nous aussi, surmonter des répugnances puériles, d'orgueilleux mépris, et ne craignons pas d'entrer en commerce avec ce peuple étrange, d'organisation à part, de mœurs actives et laborieuses. Qui sait si, une fois familiarisés avec lui, mieux instruits de ses faits et gestes, nous ne le quitterons pas avec regret ?

---

[1] « Le temps que d'autres passent en causeries futiles, à jouer aux dés, aux cartes et à d'autres jeux, ou qu'ils donnent au plaisir de la table, je le consacre à rechercher, à conserver et à contempler des insectes. »

CHAPITRE II

UN PEU D'ANATOMIE ET DE PHYSIOLOGIE

A première vue, on se fait de l'organisation des insectes une idée très incomplète, partant très fausse. On analyse assez aisément leur structure extérieure (je parle des insectes complets et d'une certaine taille). On distingue leur tête, leur thorax, leur abdomen, leurs pattes et leurs ailes. En y regardant de près, on aperçoit leurs yeux et leur bouche : cette dernière, en général, très compliquée. Mais on se demande comment tout cela fonctionne et vit. Écrasez un insecte, vous voyez sortir de son corps une sorte d'humeur épaisse, de couleur indécise ; à peine pouvez-vous croire que ce soient là des viscères, des intestins, des muscles, un ensemble d'appareils digestifs, sensitifs, circulatoires, respiratoires, locomoteurs. Tout cela cependant existe bel et bien. Les insectes ont même un squelette. Seulement il se confond chez eux avec la peau. C'est, comme chez les crustacés, un squelette extérieur, quelquefois flexible et mou, mais le plus souvent de consistance dure et cornée, couvrant l'animal d'une armure solide, admirablement composée et articulée, qui laisse au corps et aux membres toute leur souplesse et leur élasticité. C'est à cette division de leur charpente en un certain nombre d'anneaux s'emboîtant les uns dans les autres, que les insectes doivent leur nom. Leur corps est partagé en trois segments principaux : la tête, le thorax et l'abdomen.

La tête paraît faite d'une seule pièce ; mais elle se compose en réalité de plusieurs petits anneaux, plus ou moins exactement soudés ensemble. Elle porte d'ailleurs trois sortes d'organes très importants, sur lesquels je reviendrai tout à l'heure : les yeux, les antennes et les appendices buccaux.

Le thorax, région moyenne du corps, est formé de trois anneaux, souvent difficiles à distinguer. L'anneau antérieur est appelé *prothorax;* le moyen, *mésothorax;* le postérieur, *métathorax*. A la partie inférieure de chacun de ces anneaux est fixée une paire de pattes. Les ailes sont attachées à la partie supérieure du mésothorax et du métathorax, ou du mésothorax seul.

L'abdomen est ordinairement la partie la plus volumineuse du corps de l'insecte. En tout cas, c'est celle qui comprend le plus grand nombre d'anneaux, puisque ce nombre s'élève quelquefois jusqu'à neuf. Son extrémité postérieure porte souvent des appendices qui sont pour l'animal tantôt des organes supplémentaires de locomotion, tantôt des armes offensives, tantôt de véritables instruments de travail.

Les insectes ont des sens fort développés. Ils sont notamment très bien partagés sous le rapport des organes de la vision. Leurs yeux sont de deux espèces : simples et composés. Les yeux simples sont appelés aussi *stemmates, ocelles,* et encore *yeux lisses,* par opposition aux yeux composés ou à réseau, qui présentent des facettes très nombreuses. Ces facettes correspondent à autant de tubes, dont chacun est véritablement un œil distinct, qui ne reçoit que les rayons lumineux parallèles à son axe. Le nombre des tubes accolés dont se compose, par exemple, l'œil du hanneton, est de neuf mille. Chez quelques espèces, il dépasse, dit-on, quinze mille. Certains insectes, tels que les coléoptères, n'ont que des yeux composés; d'autres, tels que les hémiptères, ont à la fois des yeux lisses et des yeux à facettes.

Il ne paraît pas douteux que l'ouïe et l'odorat existent chez les insectes; mais les organes de ces sens ne sont pas exactement déterminés. Plusieurs anatomistes pensent que l'ouïe et l'odorat ont également leur siège dans les antennes. Ces organes sont généralement placés en avant et au-dessus de la bouche. Ils jouissent d'une extrême mobilité, due à la multiplicité des pièces dont ils sont composés. Leur forme et leurs dimensions sont d'ailleurs très variables. Les antennes sont tantôt *droites,* tantôt *coudées* ou *brisées*. Dans l'un et l'autre cas, elles peuvent être *filiformes,* c'est-à-dire partout de même épaisseur; *sétacées,* ou terminées en pointe; *claviformes,* ou

en *massue*, c'est-à-dire terminées par des articles plus gros ;
dentées en scie ou en peigne ; *plumeuses*, *foliacées*, etc. Très
courtes chez quelques espèces, elles atteignent chez d'autres
une longueur démesurée. Certains coléoptères de grande taille,
tels que l'*énoplocère épineux*, l'*acrocine longimane*, l'*omacanthe géant*, sont surtout remarquables par l'énorme longueur
de leurs antennes.

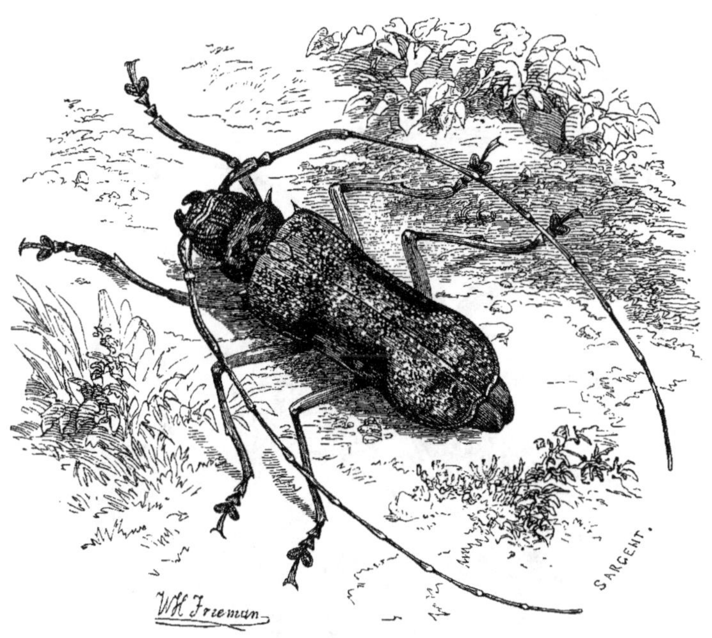

Omacanthe géant (2/3 de grandeur naturelle).

C'est encore dans les antennes, et aussi dans les pattes et
dans les *palpes*, que réside le sens du toucher. Les palpes font
partie des appendices buccaux ; car la bouche est, chez les insectes, un organe très complexe. Sa conformation diffère selon
le mode d'alimentation de l'animal. On a divisé, sous ce rapport, les insectes en deux classes : celle des *broyeurs*, et celle
des *suceurs*. Chez les premiers, la bouche est destinée à couper, à mâcher les substances dont l'animal se nourrit. Les

pièces dont elle se compose sont au nombre de six. Ce sont :
le *labre* ou lèvre supérieure, la lèvre inférieure ou simplement
la *lèvre*, les deux *mandibules* ou *mâchoires*. Aux mâchoires et
à la lèvre inférieure s'attachent les *palpes*, qu'on distingue,
pour cette raison, en *palpes maxillaires* et *palpes labiaux*, et

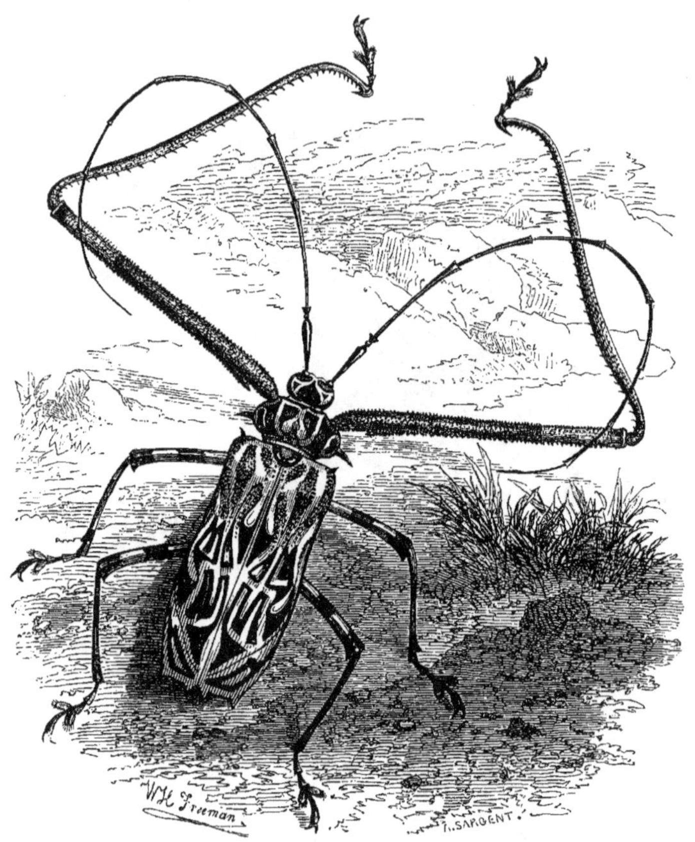

Acrocine longimane (1/2 de grand. nat.).

dont l'insecte se sert pour prendre ses aliments et les main-
tenir tandis qu'il les broie avec ses mandibules. Les mâchoires
prennent, chez quelques espèces, un développement extraordinaire, et se recourbent en pinces puissantes, dentelées et
acérées, qui, pour des coléoptères d'ailleurs robustes et défen-
dus par une solide cuirasse, tels que le *macrodonte cervicorne*

et le *lucane cerf-volant*, sont des armes offensives redoutables.

Chez les insectes suceurs ou *haustellés* (du latin *haustellum*, petite pompe), les appendices buccaux ont subi des modifications qui les rendent méconnaissables. Les mâchoires se sont

Macrodonte cervicorne (²/₃ de grand. nat.).

prolongées de manière à constituer une sorte de trompe tubulaire, garnie souvent à l'intérieur de filaments aigus qui remplissent l'office de lancettes ; les autres pièces de la bouche, au contraire, se sont atrophiées, et n'existent plus qu'à l'état rudimentaire. Comme type des insectes suceurs on peut citer les papillons, dont la trompe très longue s'enroule à l'état de repos, et se déroule lorsque l'animal veut pomper le suc des fleurs. Les hyménoptères sont pourvus d'une trompe comme les haustellés ; mais leur labre et leurs mandibules sont les mêmes que chez les broyeurs, et leur servent soit à tuer les petits animaux dont ils sucent ensuite les humeurs, soit à diviser et à préparer les matériaux dont ils construisent leur nid. La plupart des insectes paraissent capables de sentir la saveur des corps ; on croit que l'intérieur de leur bouche est tapissé d'une membrane gustative.

Le tube intestinal des insectes s'étend dans toute la longueur du corps, et présente une structure assez compliquée. Tantôt il est droit, tantôt il forme des replis plus ou moins nombreux. Dans tous les cas, on y remarque des renflements et des rétrécissements successifs, que les entomologistes ont reconnus être des organes distincts, dont chacun a sa fonction spéciale.

C'est ainsi qu'on accorde aux insectes un pharynx ou arrière-bouche, un œsophage, trois estomacs, un gros intestin, etc., et jusqu'à des glandes salivaires ! On trouve en outre, à la partie inférieure de l'abdomen de certains insectes, d'autres organes sécréteurs, qui distillent une liqueur âcre et fétide. L'insecte lance au dehors cette liqueur ou l introduit dans les piqûres qu'il fait avec son aiguillon, pour blesser ou tuer un ennemi ou une proie. « Les sécrétions des insectes sont très variées, disent MM. P. Gervais et Van Beneden. Certaines odeurs répandues par ces animaux sont dues à des follicules arrondis situés sous l'enveloppe cutanée. Les glandes anales de différents carabes donnent une liqueur explosive ; d'autres glandes sont phosphorescentes, comme celles des *élaters* et des *lampyres* ou vers luisants. La cire des abeilles est fournie par des cryptes placés sous leurs articles abdominaux ; celle des pucerons et des cochenilles transsude de toute la surface de leur corps [1]. »

M. le docteur Chenu, dans sa grande *Encyclopédie d'histoire naturelle*, donne de très curieux détails sur la liqueur explosive des carabes du genre *brachin*. Ce genre compte plus de cent espèces, les unes petites, les autres d'assez grande taille. Les

---

[1] *Zoologie médicale*, t. I, page 295.

brachins vivent sous les pierres en sociétés parfois très nombreuses. « Ils ont, dit M. Chenu, la singulière propriété de
lancer par l'anus, lorsqu'ils sont inquiétés, une vapeur blanchâtre, avec détonation, et qui laisse après elle une odeur forte
et pénétrante, analogue à celle de l'acide nitrique. D'après
l'expérience qu'on en a faite, cette liqueur est, en effet, très
caustique, rougit le bleu de tournesol, et produit sur la peau
la sensation d'une brûlure... » D'après M. Léon Dufour, le
brachinus diplosor peut produire consécutivement jusqu'à
douze décharges avec détonation.

L'appareil respiratoire des insectes diffère entièrement de
celui des animaux vertébrés. Il est infiniment plus simple, et
consiste en un système de tubes déliés appelés *trachées*, dans
lesquels l'air pénètre par des orifices nommés *stigmates* et disposés de chaque côté de l'abdomen. On aperçoit dans certaines
familles, notamment chez les orthoptères, des mouvements
respiratoires ; on voit l'abdomen se dilater et se contracter
alternativement, comme la poitrine des animaux supérieurs.
« Les espèces qui volent le mieux, disent MM. P. Gervais et
Van Beneden, sont celles dont la respiration montre le plus
d'activité, et l'on voit certains de ces animaux se gonfler d'air
au moment où ils vont prendre leur essor. »

Le sang des insectes est en général incolore ; quelquefois
cependant il est verdâtre ; il est rouge dans les larves des *chi-
ronomes*. On a soutenu que ce sang ne circulait point. Cuvier
croyait que les trachées, pénétrant dans toutes les parties du
corps, suffisaient à le vivifier sur place. Cependant Swammerdam, Malpighi et d'autres anatomistes du xvii⁰ siècle s'étaient
déjà fait une idée suffisamment exacte de la circulation du
sang dans le corps des insectes ; et depuis Cuvier, plusieurs
observateurs, M. Carus entre autres, ont démontré que le célèbre naturaliste s'était trompé.

L'agent central du système circulatoire, le cœur, est un
vaisseau qui règne sur toute la longueur du corps, et qu'on
nomme le *vaisseau dorsal*. Ce vaisseau se termine en avant par
une aorte dite *céphalique*, dans laquelle il chasse le sang. Celui-ci passe ensuite dans les espaces lacunaires laissés entre
les organes, et forme plusieurs courants qui reviennent sur les
côtés du corps d'avant en arrière, pénètrent aussi dans les or-

ganes appendiculaires, et rentrent dans le vaisseau dorsal par la partie postérieure de ce dernier. La circulation est plus active chez les larves que chez les sujets adultes. Quelques espèces ont des organes pulsatiles disséminés. (Van Beneden et P. Gervais.)

La circulation et l'oxygénation du sang chez les insectes sont assez actives pour dégager de la chaleur, qui devient sensible lorsque les individus sont réunis en grand nombre, comme,

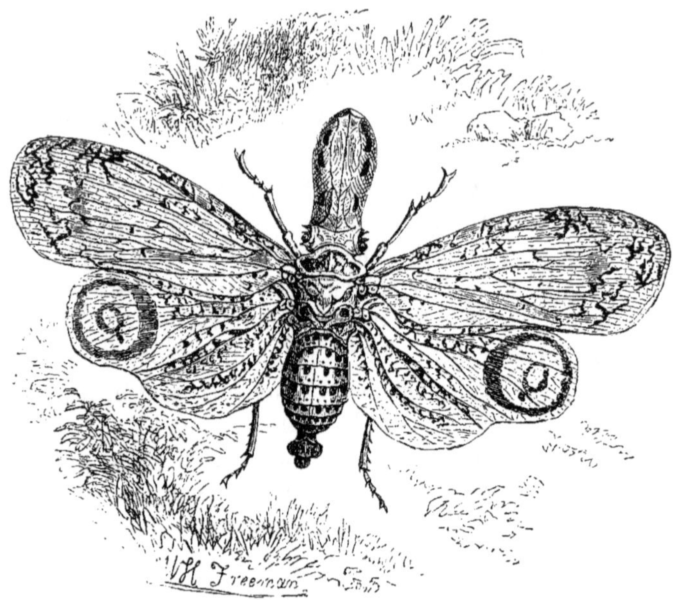

Fulgore porte-lanterne (²/₃ de grand. nat.).

par exemple, les abeilles dans leurs ruches. Un autre phénomène plus remarquable et qu'on s'explique moins aisément, c'est la propriété phosphorescente dont plusieurs espèces sont douées, et qu'on pourrait peut-être appeler proprement une faculté, puisqu'elle semble, en maintes circonstances, dépendre de la volonté de l'insecte. C'est le cas de nos *lampyres*, auxquels le vulgaire donne le nom de *vers luisants*, et qui sont des coléoptères parfaitement caractérisés, dont le pouvoir lumineux ne se manifeste que lorsqu'ils sont à l'état d'insectes parfaits.

Les grandes cigales de l'Inde, de la Chine et de l'Amérique méridionale, les *fulgores* sont aussi des insectes ailés, que la nature a gratifiés du don de lumière, mais seulement pendant une partie de leur vie, qui n'est pas bien longue. La *fulgore porte-lanterne* est ainsi nommée parce que, au dire de plusieurs voyageurs, sa tête énorme et proéminente répand dans l'obscurité une lueur très vive. Cette grande cigale au corps peu

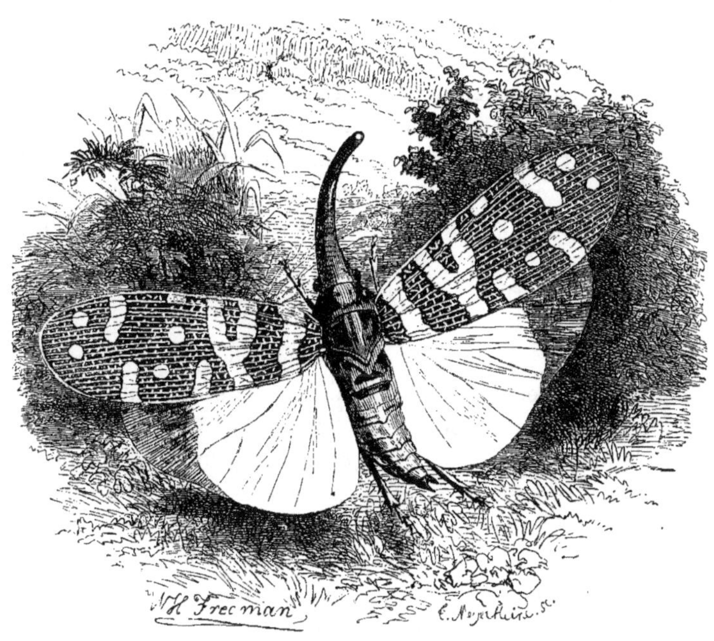

Fulgore porte-chandelle (grand. nat.).

élégant, à la tête difforme, est pourvue de larges ailes diaphanes, agréablement variées de jaune et de roux, avec une tache en forme d'œil à l'extrémité de chaque aile postérieure. C'est sans doute à la forme allongée de sa grande corne frontale que la *fulgore porte-chandelle* doit son nom. Cet insecte est propre à la Chine. Ses élytres sont vertes, tachées de blanc ; ses ailes sont jaunes à la base, et noires aux extrémités.

Il me reste, pour achever l'anatomie interne des insectes, à dire quelques mots de leur système nerveux. Ce système, qui est propre à tous les animaux articulés, offre plus d'analogie qu'on ne l'a cru longtemps avec celui des vertébrés. Il est sans doute beaucoup moins développé et moins centralisé ; on y retrouve cependant deux appareils distincts, dont l'un paraît être affecté à la vie animale ou de relation, et l'autre à la vie purement organique ou végétative.

Le premier consiste en une double série de ganglions reliés entre eux par des cordons longitudinaux. Les plus volumineux, qui ont leur siège dans la tête, donnent naissance à des cordons qui se rendent aux divers organes et appendices de cette partie de l'animal. Les pattes et les ailes sont mues par des filets qui partent des ganglions thoraciques. Le second appareil a son origine dans les gros ganglions cérébraux. Sa structure est analogue à celle du précédent, mais les ganglions qui le composent sont plus petits. Il se ramifie dans les divers organes internes, et principalement dans le système digestif.

Les organes locomoteurs des insectes sont, comme chacun sait, les pattes et les ailes. J'en ai indiqué plus haut la position. Les pattes sont formées de trois parties articulées entre elles : la *hanche*, la *cuisse* et la *jambe ;* plus une sorte de doigt appelé *tarse*, qui se termine ordinairement par deux crochets. Les ailes, habituellement au nombre de quatre, comme chez les névroptères, les hyménoptères, etc., — quelquefois de deux seulement, comme chez les diptères, se composent d'une double membrane, soutenue à l'intérieur par des nervures longitudinales ou ramifiées. Elles sont tantôt minces et transparentes, comme chez les hyménoptères, les névroptères, les diptères ; tantôt recouvertes, comme chez les lépidoptères, d'une poussière colorée. Dans beaucoup d'espèces à quatre ailes, les supérieures sont opaques et dures, et servent d'étui, de couverture aux deux autres (coléoptères). Ces ailes-étuis sont appelées *élytres* lorsqu'elles sont entièrement transformées, et *hémilytres* lorsque la partie supérieure seule est dure et opaque, et que la partie inférieure est restée molle et transparente. Chez les diptères, qui n'ont qu'une seule paire d'ailes, la paire absente est représentée par deux filets mobiles insérés sur le métathorax, et qu'on nomme *balanciers*.

La particularité, sans contredit, la plus curieuse de l'organisation des insectes, ce sont les changements, disons mieux, les révolutions qu'elle subit à trois reprises, chez la plupart d'entre eux. On peut dire que, dans le court espace de temps qui leur est accordé, — deux à trois ans pour les plus favorisés, — ils naissent et meurent deux fois. Entre la naissance proprement dite et les deux morts, l'une temporaire, l'autre définitive, auxquelles la nature les condamne, ils ont deux vies bien différentes : l'une obscure, triste, pénible, toute de labeur ; l'autre active aussi, mais gaie, joyeuse et facile. Entre les deux ils dorment ; ils se rendent spontanément à la nature, qui recommence en eux son travail, les refait, les métamorphose.

Dans l'œuf ce n'est pas encore la vie. L'animal sort de cette première enveloppe à l'état de larve, de ver, de chenille. Il rampe alors ou marche péniblement. Beaucoup, comme s'ils avaient conscience de leur laideur et de leur impuissance, se cachent, s'abritent sous la terre, se creusent des demeures inaccessibles, et vivent de racines, comme des anachorètes. D'autres se construisent des nids qu'ils ne quittent que la nuit pour aller chercher leur nourriture : grave affaire, car leur estomac a de terribles exigences. Leur voracité les rend incommodes et malfaisants, en même temps que la mollesse de leur tissu et l'absence d'armes offensives ou défensives les livre à la merci de leurs ennemis. Bref, beaucoup de peines et de dangers, et point de jouissances : ainsi peut se résumer cette première phase de leur existence, qu'ils doivent voir s'achever, j'imagine, sans de bien vifs regrets.

Le moment venu, la larve, avec sa propre substance habilement filée, tissée et feutrée, se refait un second œuf : le cocon n'est pas autre chose. Une fois enfermée dans cette prison, elle devient inerte, ou peut-être s'absorbe-t-elle tout entière dans le pénible travail de la métamorphose. Dans la nymphe on ne reconnaît plus guère l'animal antérieur ; encore moins devine-t-on l'animal futur : elle semble ratatinée, desséchée, momifiée. Mais un beau matin, l'enveloppe se déchire et livre passage à un insecte vivace, fringant, luisant, aux vives couleurs, aux reflets chatoyants, aux pattes agiles, aux ailes légères et diaprées. Le « fils de la nuit », le nourrisson de la terre est devenu citoyen de l'air et favori de la lumière ; il prend son vol, s'en va danser en bourdonnant dans un rayon de soleil, folâtrer dans les herbes et le feuillage et butiner parmi les fleurs. Il semble avoir hâte de jouir de la vie : non sans raison ; car cette dernière période, qui est la meilleure, est aussi la plus courte ; les jours pour lui, pour quelques-uns les heures, sont des années. Les insectes ne se reproduisent que lorsqu'ils sont à l'état parfait. Ils ne vieillissent pas en ménage, et n'ont pas la force d'élever leurs enfants. Le mâle ne s'en occupe point. Tout le soin incombe à la femelle. Celle-ci meurt peu de temps après la ponte, mais non sans avoir fait de son mieux pour assurer l'avenir de sa progéniture, en déposant ses œufs dans un lieu sûr, et tel que, aussitôt écloses, les larves y trouvent, sans se déranger, leur première pâture. A cet effet, la nature donne aux femelles de plusieurs espèces un outil propre à creuser les corps dans lesquels elles veulent introduire leurs œufs. Cet outil est une scie ou une tarière, avec laquelle elles piquent les tissus les plus serrés et les plus durs. C'est grâce à cette prévoyance des femelles que les arbres, les bois, les meubles, la viande, le fromage sont si rapidement envahis par les larves, et que se forment sur les feuilles de certains arbres les excroissances morbides appelées *galles* ou *noix de galle*.

Tous les insectes n'ont pas les honneurs des métamorphoses. Il en est qui vivent et meurent tels qu'ils sont sortis de l'œuf ; ceux-là n'ont jamais d'ailes : ce sont les parias, les insectes de la caste immonde. D'autres, ceux de la caste moyenne, n'ont que des demi-métamorphoses. Ils naissent sous la forme de nymphes aptères ; mais plus tard les ailes leur poussent, et ils acquièrent droit de cité dans la république aérienne. Enfin les insectes à métamorphoses complètes sont les nobles, les patriciens, les chevaliers de cette république ; ils sont supérieurs à tous les autres par la force, le courage ou la beauté. Les entomologistes, qui aiment à parler grec, appellent les premiers *ametabola*, les seconds *hemimetabola*, et les troisièmes *metabola*.

C'est à l'état de larve qu'en général les insectes à métamorphoses complètes vivent le plus longtemps : avant de vivre à l'état parfait ses quelques semaines de printemps, le hanneton a vécu sous terre pendant deux à trois ans à l'état de ver blanc.

L'éphémère subit lui aussi une longue épreuve de deux années, avant d'obtenir, comme par grâce, quelques heures de vie aérienne. Singulière destinée, au rebours de toutes les autres, et qui paraît, au premier abord, bien sévère, bien dure. Mais, en y réfléchissant, on reconnaît que le sort des insectes est plutôt digne d'envie que de pitié. Les animaux supérieurs, — qu'on me passe cette comparaison un peu vulgaire, — « mangent leur pain blanc le premier. » A mesure qu'ils approchent de leur fin, leur vie devient plus triste, plus difficile, plus douloureuse. L'homme même est soumis à cette loi. L'insecte y échappe : il meurt dans la plénitude de ses facultés, au milieu de l'épanouissement de sa nature : il est né vieux, il meurt jeune.

CHAPITRE III

MOUCHES ET MOUCHERONS

« Je ne m'étonne pas, dit Michelet, si notre grand initiateur au monde des insectes, Swammerdam, au moment où le microscope lui permit de l'entrevoir, recula épouvanté.

« Leur nom, c'est l'infini vivant [1]. »

Il n'est pas besoin du microscope pour entrevoir l'infinie multitude de ces êtres prodigieusement vivaces et féconds, suppléant à leur petitesse par leur nombre, à leur faiblesse par leur activité, à la brièveté de leur vie par leur puissance incroyable de reproduction : exemple frappant de cette loi de proportionnalité inverse et de compensation, qui se retrouve partout dans la nature. Regardons seulement autour de nous. La plèbe innombrable des mouches et des moucherons, ces tout petits qui pourtant sont encore visibles, va nous révéler les mystères du monde invisible, de l'infini microscopique.

---

[1] *L'Insecte*, Introduction. — 1 vol. in-18. Paris, 1858.

Que sont les grands mammifères, l'homme même, si fiers de leur taille, de leur force, de leurs quelques années de vie, mais limités dans leur reproduction, exposés à tant de causes de destruction, ayant tant à redouter, et singulièrement ce qu'ils ne peuvent voir ou saisir, — que sont-ils auprès de ces insectes? que peuvent-ils sur eux ou contre eux? Hélas! rien, absolument rien. On sait la fable de la Fontaine, *le Lion et le Moucheron*. Est-ce bien une fable? Je ne sais trop. Qu'un insecte imperceptible vienne à bout d'un lion, cela n'a rien d'étonnant. Que sera-ce donc si ces insectes se nomment légion, et légion de légions?...

Nous pouvons, nous autres privilégiés des zones froides ou tempérées, mépriser les insectes, comme le citadin tranquille en sa maison brave l'ennemi lointain que d'autres vont combattre et refouler. Mais les habitants des contrées méridionales ne les méprisent ni ne les bravent. Les combattre, ils ne songent même pas à l'essayer. A grand'peine ils tâchent de les éviter, de les éloigner, et ils n'y réussissent que fort mal.

La petite mouche domestique, inoffensive dans nos villes, mais très importune dans les campagnes, au rez-de-chaussée des maisons, peut devenir dans les pays chauds un véritable fléau. Les officiers anglais qui, en 1857, soutinrent dans la résidence de Lacknau un siège si long et si tragique contre les cipahis révoltés, ont raconté que parmi les souffrances auxquelles ils furent en proie, l'obsession des mouches fut une des plus intolérables.

« En moyenne, dit E.-D. Forgues dans sa *Révolte des cipayes* [1], l'ennemi tuait de trois à cinq hommes par jour. La nuit, pour garder tous les postes, il ne fallait pas moins de trois cents hommes. Il fallait, en outre, des corvées nombreuses pour le service des mines et contre-mines. Le manque de sommeil, l'humidité des tranchées, l'infection de l'air, tout conspirait pour que la dysenterie, la fièvre, la petite vérole, le choléra vinssent ajouter leurs ravages à ceux de la guerre.

« Au milieu de ces terribles fléaux, croira-t-on qu'un des plus ressentis fut le nombre immense de mouches attirées sur ce point, où la chaleur et les pluies intermittentes mettaient

---

[1] Paris, 1861. Un volume in-18.

tant de substances animales en état de putréfaction ? Pas un
des annalistes du siège qui ne rappelle cette plaie d'Égypte, et
cela dans des termes encore empreints de la colère nerveuse
que cause l'attaque réitérée de ces odieux insectes : « Le sol
« en était noir, nos tables en étaient couvertes, s'écrie l'un
« d'eux. Elles nous ôtaient notre sommeil du jour ; elles nous
« empêchaient de manger... Quand j'avalais ma misérable
« *dall rôtie* (soupe au bouillon de lentilles avec des tranches
« de pain sans levain), ces maudites bêtes se jetaient par
« escouades dans ma bouche, à peine ouverte, et de là retom-
« baient pêle-mêle dans mon assiette, où elles flottaient, poivre
« improvisé, puis... mais je m'arrête avant de me laisser aller
« à quelque impertinence. »

Les *cousins*, que nous voyons parfois le soir, en été, venir
se brûler à nos bougies, et dont nous ne laissons pas de
craindre les attaques, peu redoutables pourtant, les cousins,
dans le midi de l'Europe, s'appellent *moustiques,* et sous les
tropiques, *maringouins*. Demandez aux voyageurs ce qu'ils en
pensent. Ces moucherons sont pour eux plus redoutables que les
lions, les tigres et les reptiles. On ne peut voyager, sortir sans
en être assailli ; ils vous criblent la peau de leurs piqûres, qui
causent des démangeaisons insupportables, font enfler la face,
donnent la fièvre et le délire. La nuit, on ne peut reposer qu'à
la condition de s'enfermer hermétiquement dans ces cages de
gaze ou de mousseline qu'on nomme des moustiquaires.

Cependant quelques espèces deviennent pour l'homme des
alliés, en s'attaquant de préférence aux insectes, aux chenilles
dont la chair grasse et molle leur convient à merveille pour
abriter leurs œufs et nourrir leurs larves. Ces espèces sont
comprises dans la famille des *pupivores* (hyménoptères), dont
la tribu la plus remarquable est celle des *ichneumons,* ainsi
nommés parce qu'ils détruisent les chenilles, comme le qua-
drupède carnassier du même nom détruit, dit-on, les jeunes
crocodiles.

Les ichneumons (insectes), appelés aussi *mouches vibrantes,*
à cause du mouvement continuel de leurs antennes, sont répandus dans toutes les parties du monde. Ce sont des insectes
de taille moyenne, aux formes élancées, et qui offrent une
grande variété de couleurs. Les femelles sont armées d'une

tarière formée de trois soies raides et aiguës, souvent dentées
en scie. Lorsqu'elles sont sur le point de pondre, elles se mettent en quête de larves ou de nymphes d'insectes pour y déposer leurs œufs. Elles déploient dans cette recherche une activité et une sagacité surprenantes, et il est à remarquer que
chaque espèce d'ichneumons choisit toujours ses victimes dans
la même espèce de coléoptères, de lépidoptères, etc. Les fe-

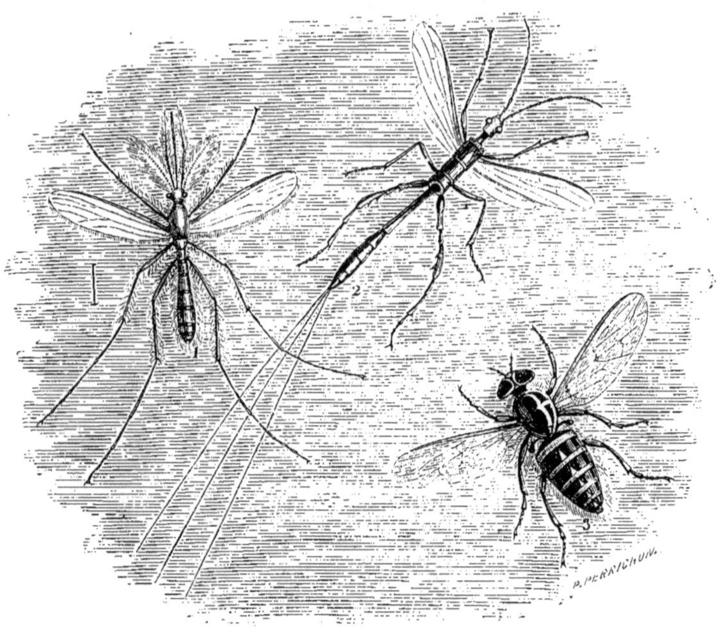

1 Cousin commun (grossi).   2 Ichneumon-stéphane scie (grand. nat.).
3 Taon des bœufs (grand. nat.).

melles, dont la tarière est longue, atteignent souvent des larves
qui vivent sous l'écorce et dans le bois même des arbres. Elles
percent cet abri, puis la peau de la larve ou de la chenille, et
y introduisent un ou plusieurs œufs. Les larves qui en naissent sont molles, blanchâtres, privées de pattes, mais pourvues
de mandibules assez robustes. Elles ménagent d'abord leur
hôte, ne mangent que sa graisse, de manière à le laisser vivre;
mais lorsqu'elles sont près de se transformer en nymphes,
elles n'y mettent plus de façons, dévorent la chair et les en-

trailles, et ne laissent que la peau. Les unes accomplissent toutes leurs métamorphoses là où elles sont nées, et c'est ainsi qu'on voit parfois des ichneumons sortir de la chrysalide d'un papillon ; les autres se construisent, près de la dépouille de leur victime, de petites coques soyeuses, isolées ou agglomérées, tantôt nues, tantôt enveloppées d'une bourre qu'on trouve attachée par des fils aux feuilles des plantes.

D'autres moucherons, les *cynips gallicoles,* donnent naissance à des larves phytophages, auxquelles ils assurent le logement et la nourriture par des moyens plus complexes. Les femelles ont une tarière très déliée roulée en spirale à sa base, et dont l'extrémité, dentée latéralement en fer de flèche, est creusée d'une sorte de gouttière longitudinale. Avec sa tarière dentée, la femelle creuse les différentes parties des végétaux, élargit la blessure, et, par sa gouttière, elle y verse une liqueur âcre ; elle y dépose ses œufs. La liqueur produit dans le tissu de la plante une sorte de travail morbide, d'où il résulte une excroissance appelée galle. C'est là que la larve du cynips naît, se nourrit et se métamorphose. Tout le monde a vu, sur les menues branches et sur les feuilles des arbres, de ces excroissances, dont la forme et le volume varient suivant l'espèce de l'insecte et celle de l'arbre. Tout le monde sait aussi que les galles du *quercus infectoria* sont employées, sous le nom de *noix de galle,* à la fabrication de l'encre et de certaines teintures noires, à l'extraction du tanin, etc.

J'ai parlé de l'importunité, de l'incommodité dégoûtante des petites mouches ; je n'ai rien dit encore des espèces malfaisantes, dangereuses, que renferme ce groupe immense. Remarquons qu'il ne s'agit ici que des mouches proprement dites, à deux ailes, et que je ne comprends point dans cette division les mouches à quatre ailes (hyménoptères *porte-aiguillon*), dont il sera question au chapitre suivant. Les mouches, — en langage entomologique, les *chétocères,* — forment plusieurs familles : celle des *muscides* seule renferme plusieurs milliers d'espèces. Il y faudrait joindre celle des *notacanthes,* des *tanystomes,* des *brachystomes* et des *tabanides.* Ne nous occupons que de la première et de la dernière.

La plupart de ces mouches ont un goût exclusif pour les matières animales, surtout pour les matières corrompues.

Elles nous agacent par leurs bourdonnements, nous harcèlent par leur contact, souvent par leurs morsures, attaquent nos animaux domestiques, souillent nos aliments, qu'elles infectent de leurs œufs et de leurs larves, et dont elles provoquent la décomposition. La mouche à viande (*musca vomitoria*) dégorge sur la viande une liqueur qui en accélère la putréfaction ; puis elle y dépose ses œufs, et les larves vermiformes qui en sortent se développent, et ne tardent pas à se répandre dans toute la masse. Ces bêtes immondes se multiplient avec une effrayante rapidité. C'est ce qui faisait dire à Linné que trois mouches de l'espèce *vomitoria* pouvaient débarrasser la terre du cadavre d'un cheval aussi vite que le ferait un lion. Je ne dis rien des *stomoxes*, ou mouches du fumier, des mouches du fromage, etc. Ce sont les larves de ces mouches que le vulgaire appelle *asticots* et *vers à queue*, et que les pêcheurs à la ligne conservent précieusement dans des boîtes de fer-blanc pour amorcer leurs hameçons.

« Quoique les mouches ne soient pas venimeuses par elles-mêmes, disent MM. Paul Gervais et Van Beneden, elles sont parfois à craindre, soit pendant leur état de larves, soit pendant leur état parfait. Dans le premier cas, elles envahissent nos substances alimentaires, et on les trouve quelquefois jusque dans nos organes ; dans le second, non seulement elles sont importunes, mais elles peuvent être dangereuses, et déterminer des phénomènes morbides fort graves. C'est ce qui a lieu lorsqu'elles se sont nourries de substances en putréfaction, et qu'elles viennent ensuite se poser sur quelque point dénudé de notre corps, et nous inoculer les éléments putrides dont leur trompe ou leurs pattes sont encore chargées. Ainsi certaines maladies infectieuses, et en particulier le *charbon* ou *pustule maligne*, prennent souvent naissance de cette manière, et des espèces très différentes de mouches peuvent en porter le germe avec elles. C'est surtout en été et dans les établissements d'équarrissage ou dans le voisinage des endroits où l'on tient des matières animales en putréfaction, que ces phénomènes se présentent. Les malades ont souvent conscience de la manière dont l'infection leur a été communiquée [1]. »

---

[1] *Zoologie médicale*, t. I.

Les mouches dites *à viande* ne se contentent pas d'attaquer la chair morte : il n'est pas rare qu'elles déposent leurs œufs jusque dans la chair des animaux vivants, et même de l'homme.

« Un mendiant de Lincolnshire, racontent MM. Van Beneden et Paul Gervais, mourut en 1829 dans les circonstances suivantes. Par un temps très chaud, cet homme s'étendit sous un arbre, après avoir placé sur sa poitrine, entre sa chemise et sa peau, comme le font souvent les gens du peuple, le peu de pain et de viande qu'il destinait à son prochain repas. La viande fut attaquée par les mouches, et les vers déposés par celles-ci passèrent des aliments sur la peau même de cet homme. Lorsqu'il fut trouvé, il était déjà tellement attaqué, que sa mort paraissait inévitable. On le transporta à Asborny, et l'on fit venir un chirurgien, qui déclara qu'il ne survivrait pas longtemps au pansement. Il mourut, en effet, peu d'heures après. Quand le chirurgien le vit pour la première fois, il présentait déjà un aspect effrayant; de gros vers blancs, dont l'espèce a été regardée comme étant le *musca carnaria*, se remuaient dans l'épaisseur de sa peau et de ses chairs, qu'ils avaient profondément labourées. Beaucoup de faits ayant avec celui-là une analogie plus ou moins grande ont été enregistrés, et la présence de semblables larves de diptères dans le corps de l'homme et des animaux a même reçu un nom particulier : celui des *myasis*. »

Les larves d'une autre famille nombreuse de chétocères, les *œstres*, éclosent et se développent exclusivement dans la peau et dans les organes des mammifères et de l'homme. Ces horribles parasites sont surtout communs dans l'Amérique méridionale.

Les *tabanides* sont ces grosses mouches qui, en été, par la chaleur du jour, harcèlent et piquent jusqu'au sang les bestiaux et les chevaux, et que tout le monde connaît sous le nom de *taons*. Cette famille a des représentants dans toutes les parties du monde. Les espèces propres aux contrées tropicales sont surtout à craindre, à raison de leur nombre, de leur activité, de leur voracité, et même, dans beaucoup de cas, à cause des effets terribles de leur morsure.

A la famille des tabanides se rattache, selon toute probabilité, la mouche *tsetsé* (*glossina morsitans*), si justement redoutée dans le centre et dans le sud de l'Afrique. Les modernes explorateurs du continent africain ont donné sur cet insecte et sur les étranges et terribles effets de sa piqûre des détails très circonstanciés et parfaitement concordants. Les plus curieux et les plus complets sont ceux qu'on doit au docteur Livingstone.

« La mouche tsetsé, dit ce célèbre voyageur, n'est pas beaucoup plus grosse que la mouche commune ; elle est brune, à peu près de la même nuance que l'abeille ordinaire, et porte sur la région postérieure de l'abdomen trois ou quatre raies jaunes transversales. D'une vivacité remarquable (ses ailes sont plus longues que son corps), il est très difficile de la saisir avec la main pendant le milieu du jour ; le soir et le matin, la fraîcheur de la température lui enlève une partie de son agilité. Quiconque voyage avec des animaux domestiques n'oublie jamais le bourdonnement particulier de la mouche tsetsé, une fois qu'il lui est arrivé de l'entendre ; car la piqûre de cet insecte venimeux est une cause de mort certaine pour le chien, le bœuf et le cheval.

« ... Un des caractères les plus remarquables de la piqûre de cette mouche est d'être complètement inoffensive pour l'homme, pour les animaux sauvages, et même pour les veaux tant qu'ils sont encore à la mamelle. Nous n'en avons jamais souffert personnellement, bien que nous ayons vécu deux mois au milieu de ces insectes, dont l'habitat est parfaitement déterminé. La rive méridionale du Chobé en était envahie, et sur l'autre bord de la rivière, où nous avions conduit nos bœufs, qui, à cinquante pas de ces mouches, auraient dû les attirer, il n'en existait pas une seule...

« Lorsqu'on a sur la main un de ces insectes, et qu'on le laisse agir sans le troubler, on voit sa trompe se diviser en trois parties, dont celle du milieu s'insère assez profondément sous notre peau ; l'insecte retire cette tarière, l'éloigne un peu, et se sert alors de ses mandibules, qui, sous leur action rapide, font contracter à la piqûre une teinte cramoisie ; l'abdomen de la mouche, flasque et aplati auparavant, se gonfle peu à peu, et si l'insecte n'est pas tourmenté, il s'envole tranquillement aussitôt qu'il est gorgé de sang. Une légère démangeaison succède à cette piqûre, mais n'est pas plus sérieuse que celle qui est causée par un moustique. Chez le bœuf, l'effet immédiat ne semble pas avoir plus de gravité que chez l'homme, et ne trouble pas l'animal; mais quelques jours après, il s'écoule des yeux et du mufle de la pauvre bête un mucus abondant; la peau tressaille et frissonne comme sous l'impression du froid; le dessous de la mâchoire inférieure commence à enfler, symptôme qui parfois se manifeste également au nombril; le bœuf s'émacie de jour en jour, bien qu'il continue à paître; l'amaigrissement s'accompagne d'une flaccidité des muscles de plus en plus prononcée; la diarrhée survient; l'animal ne mange plus, et meurt bientôt dans un état d'épuisement complet...

« Ces symptômes (et ceux que l'autopsie fait connaître) indiquent un empoisonnement du sang, qui existe en effet, et dont le germe est déposé par la trompe de l'insecte...

« L'âne, le mulet, la chèvre, jouissent du même privilège que l'homme à l'égard de cet insecte. Il en résulte que la chèvre est le seul animal domestique de beaucoup de peuplades nombreuses qui habitent les bords du Zambèze, où la mouche tsetsé devient un véritable fléau...

« Le dégoût avéré qu'inspirent aux tsetsés les excréments des animaux... a été mis à profit par les docteurs indigènes; ils font un mélange de fiente et de lait de femme, auquel ils ajoutent quelques drogues, et en barbouillent les bœufs qui doivent traverser un canton envahi par le tsetsé; mais ce préservatif, qui réussit pendant quelque temps, devient bientôt inefficace. Une fois la maladie déclarée, on n'y connaît pas de remède [1]. »

Selon le docteur Livingstone, la mouche tsetsé ne disparaîtra, *faute d'aliment,* de l'Afrique australe que lorsque, grâce à l'introduction des armes à feu, toutes les bêtes sauvages auront été détruites dans cette vaste contrée. Voilà, je l'avoue, un moyen un peu héroïque, difficilement réalisable et d'une efficacité douteuse. MM. Burton et Speke me semblent mieux inspirés lorsqu'ils disent : « Peut-être un jour, à l'époque où

---

[1] *Explorations dans l'intérieur de l'Afrique australe,* par le docteur David Livingstone; ouvrage traduit de l'anglais par Mme H. Loreau. — 1 vol. grand in-8°. Paris, 1859.

cette terre féconde acquerra de la valeur, y introduira-t-on un oiseau qui exterminera le tsetsé, et deviendra pour l'Afrique le don le plus précieux qu'elle aura jamais reçu [1]. »

CHAPITRE IV

LES TRAVAILLEURS

Quittons les vilaines mouches voraces, fainéantes, parasites, pour le peuple estimable des laborieux et vaillants porte-aiguillon. Le vulgaire n'y voit guère de différence. Pour lui, la guêpe, le bourdon, l'abeille, sont des mouches comme le taon, l'œstre, la mouche des cadavres. Beaucoup distinguent difficilement l'abeille de certaines mouches qui, par la grosseur et la couleur, lui ressemblent. Des observateurs éclairés, des naturalistes s'y sont trompés. Est-ce par une méprise de ce genre, comme le croit M. Michelet, que Virgile a montré les abeilles d'Aristée sortant de la peau des bœufs que ce berger avait immolés aux mânes d'Eurydice et d'Orphée ? Cela me semble peu probable ; Virgile connaissait trop les abeilles pour les confondre avec les mouches funèbres qui hantent les charniers et les cimetières ; il savait fort bien que les premières ne déposent point leurs œufs dans la chair ou dans la peau des animaux morts. « La fable, si c'en est une, dit Michelet, doit avoir un côté de vérité : qu'il se soit trompé sur les mots, qu'il ait mal appliqué les noms, cela n'est pas impossible ; mais pour les faits, c'est autre chose : ce qu'il dit, je le crois. »

C'est un tort de vouloir toujours attribuer aux fictions des poètes une portée philosophique ou scientifique. Sans doute les *Géorgiques* sont une œuvre didactique savante et très étu-

---

[1] *Voyage aux grands lacs de l'Afrique orientale,* traduit de l'anglais par Mme H. Loreau. — 1 vol. grand in-8°. Paris, 1862.

diée. Tout ce que Virgile dit des abeilles, de leurs mœurs, de leur *politique*, des soins à leur donner, il le dit de bonne foi, sérieusement. Mais dans le récit des malheurs d'Aristée, le poète évidemment prend la place de l'agronome, du naturaliste (Virgile l'était autant qu'homme de son temps). Après avoir instruit son lecteur par de graves préceptes, il le charme et l'amuse par une fable ingénieuse, par un conte fantastique. Ce conte est admirable : c'est tout un poème. Mais contentons-nous de le goûter comme un chef-d'œuvre de sentiment et de mélodie, sans y chercher ce que jamais l'auteur n'a songé à y mettre : une thèse de philosophie naturelle, un plaidoyer pour les générations spontanées.

Entre les mouches travailleuses chantées par le poète de Mantoue et les vils insectes dont nous avons parlé au chapitre précédent, il n'y a aucune parenté : la ressemblance est toute superficielle, et disparaît dès qu'on regarde de près les unes et les autres. Les mouches proprement dites sont des *diptères :* elles n'ont que deux ailes ; les abeilles, les guêpes, les bourdons en ont quatre : ce sont des *hyménoptères*. Quand les premières attaquent l'homme et les animaux, c'est pour sucer leur sang ; elles les mordent plutôt qu'elles ne les piquent ; elles n'ont pas l'aiguillon, qui est l'arme caractéristique des espèces à la fois laborieuses et guerrières. Celles-ci n'attaquent jamais l'homme ; elles se défendent bravement lorsqu'elles sont inquiétées par lui ou qu'elles croient l'être ; leur nourriture est exclusivement végétale. Enfin leurs pattes postérieures sont bien moins des organes de locomotion que d'admirables instruments de travail, d'une structure particulière, très compliquée chez les abeilles. Ici la face externe des *jambes,* qui porte le nom de *palettes,* présente un enfoncement lisse. C'est la *corbeille,* où l'animal place la pelote de pollen ou de nectar mielleux qu'il a recueillie à l'aide de la *brosse* de poils soyeux qui se trouve sur la face interne du premier article des tarses.

La bouche des abeilles est munie d'une trompe coudée, repliée en dessous de l'insertion. Cette trompe, dépourvue de l'espèce de lancette qui accompagne celle des insectes buveurs de sang, serait une arme insuffisante pour la défense de leurs foyers, des produits de leur patiente industrie, des œufs et des larves qu'elles soignent et nourrissent avec une jalouse sollicitude ; la nature leur a donné l'aiguillon rétractile, sorte de dard qui n'est pas sans analogie avec les crochets des serpents venimeux. Il communique avec un appareil sécréteur d'où s'écoule une liqueur âcre, un venin qui rend la plaie d'au-

1 Poliste française (gr. nat.).
2 Guêpe commune (gr. nat.).
3 Bourdon terrestre (gr. nat.).
4 Abeille ouvrière (gr. nat.).
5 Abeille mâle (gr. nat.).
6 Abeille femelle ou *reine* (gr. nat.).

tant plus grave que presque toujours l'insecte y laisse son aiguillon.

On divise les abeilles en sociétaires *pérennes,* sociétaires *annuels* et *solitaires.* Les sociétaires pérennes sont les vraies abeilles, celles qui nous donnent et le miel et la cire, et dont les mœurs, les travaux, les guerres, la constitution, le gouvernement, ont excité de tout temps à un si haut degré la curiosité et l'admiration des observateurs. Ce n'est pas que l'histoire de ces intéressants insectes n'ait été souvent empreinte d'exagération et embellie à plaisir, ni qu'il faille prendre à la lettre les appréciations enthousiastes qui représentent la société des abeilles comme le parfait modèle d'un état policé et civilisé. Il est certain toutefois que leur instinct, — peut-être devrais-je dire leur intelligence, — leur activité, leur courage, la savante organisation de leur communauté, l'ordre parfait qui préside à leurs opérations, les passions même, les tumultes qui parfois les agitent, mais qui ont toujours pour mobile le salut public, sont un des plus merveilleux spectacles que nous offre la nature.

La ruche est-elle une monarchie ou une république? Sur cette question les avis sont partagés. Pour moi, elle n'est pas douteuse. La monarchie parmi les abeilles n'est que l'apparence. Leur prétendue reine, la femelle mère, ne règne que jusqu'à un certain point, et ne gouverne en aucune façon. Les respects, les attentions dont on l'entoure s'adressent non pas à elle, mais à sa postérité, à la république future qu'elle porte dans ses flancs. Elle n'est même pas libre; on la garde à vue, on la surveille jalousement jusqu'à ce qu'elle ait pondu; après quoi tous les soins se reportent sur sa progéniture.

On sait que les abeilles *font* littéralement leurs reines, en donnant à certaines larves une éducation particulière, une nourriture plus succulente et plus abondante. Afin de n'en pouvoir manquer, elles en élèvent plusieurs. La plus précoce, la plus forte tue les autres; on la laisse faire. Vient-elle à disparaître, on choisit parmi les larves qui restent en cellules des nourrissons propres à la remplacer, et tout est dit. Donc « la reine » n'est pas même une reine constitutionnelle : tout son rôle se borne à donner des citoyens à l'État. Quant aux mâles, ils sont peu nombreux, et comme ils sont également impropres au travail et à la guerre (ils n'ont point d'aiguillon), dès que la femelle est fécondée on les égorge sans merci. Reste donc le peuple, le grand peuple des *neutres* ou des *ouvrières*, qui récoltent le miel et la cire, construisent et approvisionnent la ruche, nourrissent les larves, élèvent les jeunes reines, forment, en outre, la garde nationale et l'armée, puisqu'elles maintiennent l'ordre à l'intérieur, et combattent au besoin l'ennemi extérieur. N'est-ce pas là de la démocratie?... Ce peuple n'obéit qu'à la loi, non à une loi écrite, mais à une loi inflexible que lui dicte son instinct, et qu'il ne transgresse jamais.

Les dissensions, les guerres civiles qui de temps à autre viennent troubler la république prennent naissance à l'occasion des migrations ou *essaimages* nécessités par l'accroissement de la population et par la pluralité des reines. « Quand les essaims ont pris l'essor, dit Delille dans ses *Remarques sur le IV° livre des Géorgiques*, il se trouve souvent plusieurs reines, et dans la ruche-mère qu'ils viennent de quitter, et dans la nouvelle où ils commencent à s'établir; alors le désordre se met parmi les abeilles. Les ouvrages sont interrompus, et la paix et l'activité ne reviennent que lorsque les causes du trouble ont cessé, et que toutes les reines surnuméraires ont été mises à mort. On ignore si c'est la reine même qui se charge de cette barbare exécution [1], ou si ce sont ses sujets qui, s'écartant pour cette fois de leur amour inviolable pour leurs chefs, les sacrifient au repos de l'État. Ce qu'il y a de certain, c'est que le combat ne se livre jamais que dans l'intérieur de la ville, et que tout le carnage se borne à peu près à celui des reines surnuméraires. Ainsi la pompeuse description de ces armées commandées par leurs rois et de cette bataille sanglante qui se livre dans les champs de l'air est de l'imagination du poète, qui, en cherchant à flatter les objets, a manqué la ressemblance. »

Le contrat social des abeilles est perpétuel. Leur union, une fois formée, se conserve inviolablement de génération en génération. Mais il est, dans la même famille, des espèces qui ne s'associent que pour une année. Tels sont ces gros insectes aux ailes brillantes, aux formes trapues, à la peau veloutée, auxquels le ronflement grave qui accompagne leur vol a fait donner le nom de *bourdons* (*bombus*). Beaucoup de personnes regardent à tort ces hyménoptères comme des fainéants qui ne savent que bourdonner. Ce sont d'excellents travailleurs.

---

[1] Il paraît établi aujourd'hui que c'est bien elle, ainsi que je l'ai dit ci-dessus.

Malgré leur apparence redoutable, et quoique armés d'un aiguillon solide et bien affilé, ils sont tout à fait inoffensifs. On peut bouleverser leur nid sans qu'ils se fâchent. Réaumur l'a fait cent fois impunément. Lorsqu'on cesse de les inquiéter, ils s'occupent activement de réparer le dégât; les mâles eux-mêmes prennent part à la besogne avec les neutres et les femelles. Chez eux, point d'oisifs, point de privilégiés, point de rivalités non plus, ni de massacres. Les femelles vivent en bonne intelligence, et les mâles jouissent des mêmes droits et de la même sécurité que les neutres, comme ils remplissent les mêmes devoirs. N'ayant qu'une année à vivre, ces honnêtes insectes prennent le sage parti de la passer tranquillement et fraternellement, sans faire de mal à personne. Si l'on veut une république modèle, c'est parmi les bourdons qu'il la faut chercher; c'est sur le seuil de leur humble demeure qu'on pourrait inscrire la devise : *Liberté, Égalité, Fraternité.* Ils ne fabriquent qu'une petite quantité de miel; mais ce miel n'est pas à dédaigner, pourvu toutefois qu'il n'ait pas été butiné sur des plantes vénéneuses : car ses propriétés sont celles des plantes qui l'ont fourni. On en peut dire autant, du reste, de celui des abeilles et de celui des guêpes, qui peut aussi devenir, dans certains cas, un poison dangereux [1].

Les guêpes forment, dans la tribu des aiguillonnés, une famille à part, caractérisée surtout par la disposition des ailes, qui sont pliées longitudinalement pendant le repos. L'instinct social, le goût du travail et de l'ordre ne sont pas moins développés chez les guêpes que chez les abeilles; leur caractère est plus ombrageux, plus irritable; leur piqûre est aussi plus douloureuse. Je ne sais si l'on a jamais essayé de les réduire en domesticité; en tout cas, je doute fort qu'on y puisse réussir. Très promptes à jouer de l'aiguillon contre tout étranger suspect d'intentions hostiles, elles se rapprochent cependant beaucoup plus des bourdons que des abeilles par leurs mœurs publiques. Dans leur cité, point de ces lois sanguinaires qui souillent les ruches des abeilles. On ne demande aux femelles d'autre service que de perpétuer l'espèce. Les mâles ne sortent

---

[1] Voir à ce sujet la *Zoologie médicale* de MM. Paul Gervais et Van Beneden.

pas du guêpier, mais ils s'occupent dans l'intérieur à nettoyer les appartements, à enlever les cadavres des guêpes qui meurent, en un mot, à « faire le ménage ». Aussi les laisse-t-on vivre en paix le peu de temps que la nature leur accorde. Ils ne survivent guère à la fécondation. Les neutres meurent aux

Nid de guêpes dans un arbre.

premiers froids ; les femelles seules restent, et passent l'hiver engourdies dans les fissures des murailles ou dans les creux des arbres. Les affaires extérieures et les travaux publics incombent aux neutres. Ce sont elles qui recueillent et nourrissent les larves, qui vont butiner dans les champs, qui construisent, entretiennent et réparent l'habitation. Le talent architectural de ces ouvrières est porté à un très haut degré. La nature et le style de leurs constructions varient selon les espèces. Celles des guêpes communes de nos contrées sont des villes souterraines, où les habitants pénètrent par un trou de

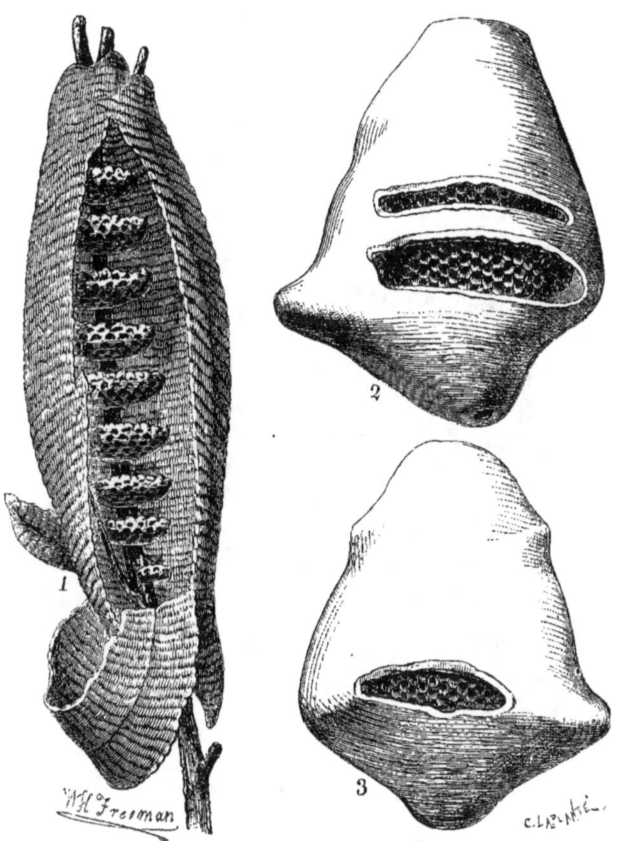

1 Nid d'une guêpe de la Guyane.   2 et 3 Nids de guêpes cartonnières.

deux à trois centimètres de diamètre, pratiqué au ras du sol. A l'intérieur, les rues et les logements sont distribués avec beaucoup de symétrie. Le tout est recouvert d'une voûte épaisse, convexe, formée de plusieurs couches, entre lesquelles les architectes ont eu soin de laisser des vides, afin que la pluie ne puisse les traverser. Ces voûtes, ainsi que les murs et les cloisons des habitations, sont faites d'une sorte de papier que les guêpes fabriquent elles-mêmes avec des fibres végétales agglutinées. Les habitations sont des gâteaux plats disposés horizontalement les uns au-dessus des autres, et divisés en cellules hexagonales très régulières, au nombre de douze à

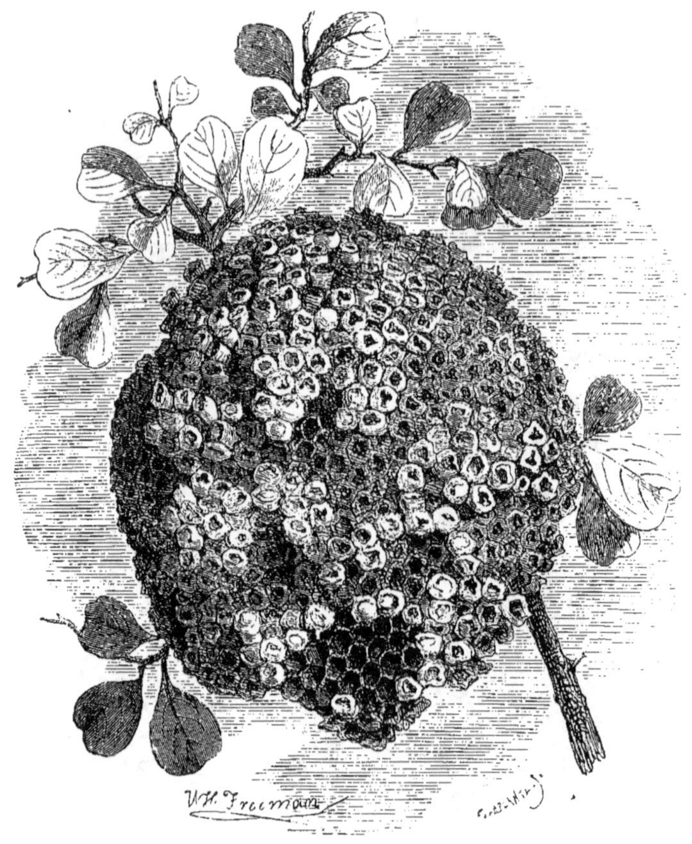

Nid de la poliste pâle.

quinze mille. Comme chacune de ces cellules sert de berceau à trois guêpes, on voit que la population d'un guêpier ne s'élève pas, pour une année, à moins de quarante mille individus.

La guêpe-frelon (*vespa crabo*) fait son nid dans les trous des vieux murs ou dans de vieux troncs d'arbres. D'autres l'attachent aux branches des arbres. Tantôt elles les enveloppent de feuilles de leur papier; tantôt elles se dispensent de cette précaution, en disposant leurs cellules horizontalement dans un gâteau dont la tranche est verticale. Ainsi fait la guêpe gauloise (*vespa gallica*). Les guêpes des contrées tropicales, qui ont à se garantir contre les pluies diluviennes de ces climats et contre les attaques de nombreux ennemis, suspendent aussi leurs guêpiers aux arbres des forêts et les enferment dans d'épaisses murailles. Une de ces espèces, appelée la guêpe *cartonnière*, fabrique à cet effet, non pas du papier, comme font les guêpes d'Europe, mais un véritable carton dur et résistant. Le nid des *polistes*, genre voisin des guêpes proprement dites, et qui a pour type la poliste française (*polistes gallica*), est ordinairement fixé sur une branche d'arbuste. Celui de la poliste pâle (*polistes pallens*) ressemble au nid de la guêpe gauloise, mais il est beaucoup plus volumineux.

Nous ne pouvons quitter le peuple des travailleurs ailés sans dire quelques mots des fourmis, bien plus étonnantes encore que les abeilles par leur intelligence, leurs mœurs politiques, leurs travaux, leurs industries variées, — j'allais dire leurs spéculations, — par leur courage aussi et leur génie militaire. Il y a plus d'un trait de ressemblance entre les fourmis et les abeilles. Les unes et les autres sont armées d'un aiguillon, et, chez les premières comme chez les secondes, on trouve les trois sexes, mâle, femelle et neutre. Mais chez les fourmis, les mâles et les femelles seuls ont des ailes. Je ne parle point des autres différences d'organisation. Sous le rapport des instincts et du savoir-faire, la supériorité est incontestablement, je le répète, du côté des fourmis. Plusieurs espèces ne sont pas seulement maçonnes, charpentières, guerrières ; ce sont encore des peuples pasteurs et dominateurs : elles ont des bestiaux et des esclaves. Les bestiaux, ce sont les pucerons ; les esclaves, ce sont, — chose singulière, — d'autres fourmis plus noires que les maîtres : des fourmis-nègres !

Linné appelait les pucerons les *vaches à lait* des fourmis. L'expression est exacte. Les pucerons sécrètent un liquide sucré dont les fourmis sont très friandes. Celles-ci, pour être sûres de n'en pas manquer, entraînent, gardent et nourrissent avec soin dans leurs fourmilières des pucerons destinés à leur fournir quotidiennement leur nectar favori. Les fourmis *rouges* enlèvent de vive force les larves et les nymphes des fourmis *noires-cendrées*, les font éclore et les emploient aux travaux de la fourmilière. Je dois ajouter qu'elles les traitent avec beaucoup de douceur, et que les noires-cendrées n'ont jamais la moindre velléité de se soustraire par la révolte à une condition parfaitement conforme à leurs instincts. Elles témoignent, au contraire, à leurs maîtres un dévouement inaltérable, et se considèrent comme citoyennes de la république.

Dans les climats tempérés, les fourmis sont inoffensives, tout au plus incommodes; mais dans les pays chauds, elles deviennent une puissance redoutable avec laquelle il faut compter. « Elles sont, dans ces contrées, dit Michelet, reines et tyrans de tous les autres êtres. Les carabes exterminateurs, les nécrophores ensevelisseurs, qui chez nous jouent, comme insectes, le rôle de l'aigle et du vautour, osent à peine paraître dans les latitudes brûlantes où dominent les fourmis. Toute chose qui gît à terre est à l'instant dévorée par elles. Lund (*Mémoire sur les fourmis*) dit qu'il eut à peine le temps de ramasser un oiseau qu'il venait de voir tomber : les fourmis y étaient déjà, et s'en emparaient. La police de salubrité est faite par elles avec une énergique et implacable exactitude.

« Ces grosses fourmis du Midi, bien plus âpres que les nôtres, se sentant dames et maîtresses, craintes de tous, ne craignant personne, vont devant elles imperturbablement, sans se détourner pour aucun obstacle. Qu'une maison soit sur leur passage, elles entrent, et tout ce qui est vivant, même les énormes, venimeuses et redoutables araignées, même de petits mammifères, tout est dévoré. Les hommes leur quittent la place. Mais si l'on ne peut pas quitter, l'invasion est fort à craindre.

« Linné appelle les termites le fléau des deux Indes; et l'on pourrait également donner ce nom aux fourmis, si l'on ne considérait que le dégât qu'elles causent dans les travaux et les cultures de l'homme. En quelques heures, elles dépouillent un grand oranger, le déménagent entièrement de toutes ses feuilles. Elles ravagent en une nuit un champ de coton, de manioc ou de cannes à sucre. Voilà leurs crimes. Leurs vertus, c'est de détruire encore mieux tout ce qui nuirait à l'homme, comme insecte ou chose insalubre. Bref, sans elles, on ne pourrait habiter certains pays.

« Pour les nôtres, en conscience, je ne crois pas qu'elles fassent le moindre mal à l'homme, ni aux végétaux qu'il cultive. Loin de là, elles le délivrent d'une infinité de petits insectes. Je les ai vues souvent en longue file emportant chacune à la bouche une toute petite chenille qu'elles portaient précieusement au garde-manger de la république. Ce tableau les eût fait bénir de tout honnête agriculteur. »

CHAPITRE V

LES DEMOISELLES — LES CIGALES — LES DÉVORANTS

On a, par corruption et par antiphrase, appelé *fourmi-lion* ou *formica-leo* un insecte qui, loin d'être un cousin des fourmis, est, au contraire, un de leurs plus dangereux ennemis. Son vrai nom est *lion des fourmis;* encore ce nom ne s'applique-t-il justement qu'à sa larve, et non à l'insecte parfait. La larve est une petite bête à tête large, munie de mandibules crochues pour transpercer sa proie, et d'une trompe à piston pour lui sucer les entrailles. Son abdomen est volumineux. De cet abdomen, ainsi que de sa tête et de ses pattes, elle travaille adroitement à creuser dans le sable une fosse en forme d'entonnoir, au fond de laquelle elle se tapit pour épier les fourmis et autres petits insectes marcheurs. Si quelqu'un de ceux-ci a le malheur de mettre les pattes sur le bord intérieur de l'entonnoir, il glisse sur la pente; le fourmi-lion lui jette du sable pour accélérer sa chute, et parvient presque toujours à s'en emparer. Qui croirait que cette larve trapue, féroce et insidieuse se change, au sortir de sa chrysalide, en une *demoiselle* aux formes délicates, aux longues ailes diaphanes? On sait que le nom scientifique des demoiselles est *libellules* (ordre des névroptères). Qui n'a regardé avec plaisir ces filles de l'air voltigeant au bord des étangs et des rivières parmi les roseaux, et faisant étinceler coquettement aux rayons du soleil leurs ailes irisées? Les entomologistes, — ces messieurs ont parfois des idées gaies, — se sont amusés à donner à ces élégants insectes des noms de demoiselles. Ils ont appelé Éléonore la *libellule déprimée* (*libellula depressa* de Linné), commune dans toute l'Europe; Julie, la grande libellule des environs de Paris

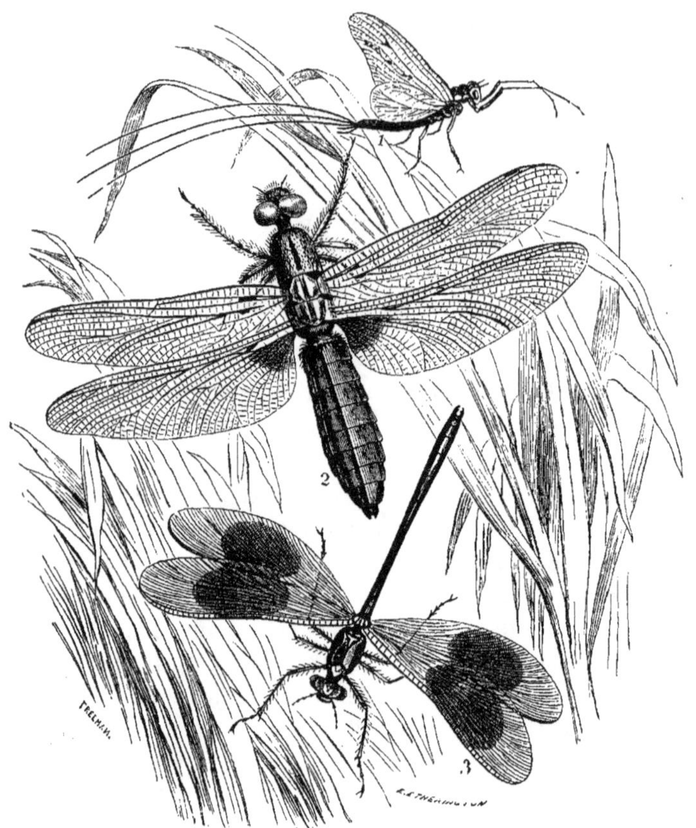

1 Éphémère commune (grand. nat.).   2 Libellule déprimée (grand. nat.).
3 Agrion vierge (grand. nat.).

(*L. grandis*); Louise, l'*agrion vierge* (*L. virgo*), dont le corps est d'un beau vert luisant, et les ailes d'un bleu azuré; Amélie, la *jouvencelle* (*L. puella*), aux ailes transparentes et incolores.

A la famille des libellules appartiennent les *éphémères* et les *hémérobies*, dont la vie aérienne ne dure que quelques heures, quelques jours tout au plus.

Éloignons-nous, bien qu'à regret, des rivages fleuris où s'é-
battent joyeusement ces frêles créatures. Regagnons les champs
et les bois, où nous allons trouver d'autres insectes beaucoup
moins jolis, mais plus curieux à étudier. C'est d'abord la mas-
sive *cigale*, qui nous poursuit de son chant aigre et monotone.
Chant n'est pas le mot propre; n'en déplaise à la Fontaine, la
cigale ne chante pas : elle joue de la musette. Mais son instrument, comme la clarinette d'un célèbre musicien de vaudeville,

Cigale-hibou (²/₃ de grand. nat.).

ne donne qu'une seule note. Cet instrument, avec lequel la
cigale mâle donne des sérénades à sa fiancée, a été analysé
avec soin par Réaumur. Il est formé de lames écailleuses qui
vibrent sous l'impulsion de muscles puissants placés à la
partie inférieure de l'abdomen. Malgré la grosseur de leurs
corps, les cigales volent bien ; leurs élytres et leurs ailes sont
grandes et transparentes ; les premières dépassent de beaucoup
l'abdomen lorsqu'elles sont repliées. Ces insectes vivent sur
différents arbres. En général, chaque espèce a son arbre de
prédilection, où elle perche habituellement, et dont elle suce

la sève. La femelle porte à l'extrémité de l'abdomen une tarière qui lui sert à percer le bois pour introduire ses œufs dans la partie médullaire qui doit servir de nourriture aux larves.

Les espèces les plus remarquables sont la grande *cigale plébéienne* de France, la *cigale sanglante*, la *cigale-hibou*, la *cigale vielleuse*, etc.

J'ai parlé plus haut des fulgores, ces singulières cigales de la Chine et de l'Amérique. Le mâle de ces espèces n'a point

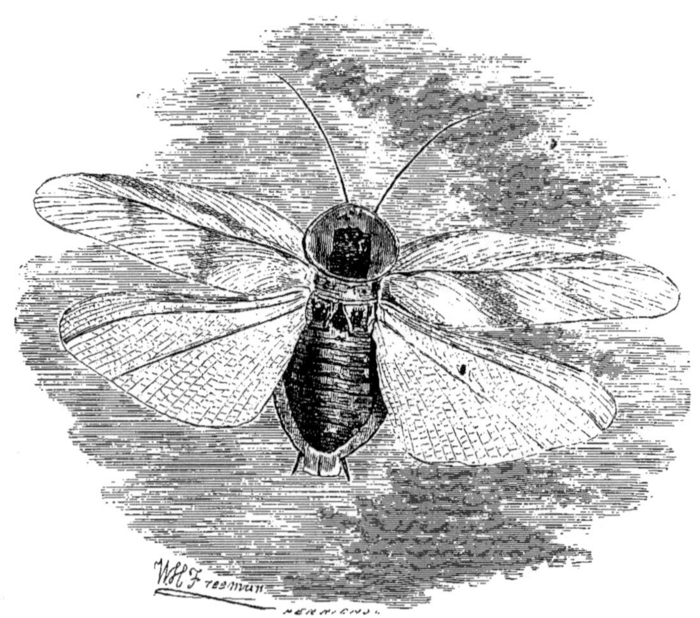

Blatte gigantesque (¹/₂ de grand. nat.).

d'instrument de musique. Il y supplée en allumant la nuit sa lanterne, ou sa chandelle, qui le fait apercevoir et reconnaître de loin par sa compagne.

L'animal que vous voyez ci-dessus vous paraîtra, au premier abord, ressembler beaucoup à la cigale. Ne vous y trompez pas, la différence entre les deux est grande : différence de structure et d'organisation, différence de mœurs et de régime. L'une, la cigale, est un hémiptère ; l'autre, la *blatte*, fait partie d'un ordre qui renferme plusieurs espèces particulièrement dignes d'arrêter notre attention : l'ordre des orthoptères. Les insectes qui le composent sont, en général, médiocrement conformés pour le vol; ce sont surtout des marcheurs et des sauteurs. Un certain nombre cultivent la musique avec non moins de succès que les cigales. Il suffit de citer le grillon, que tout le monde connaît. Enfin la grande majorité des orthoptères se distingue par un appétit vorace qui rend très nuisibles les espèces herbivores, frugivores et omnivores. Quant aux espèces carnassières, il n'en faut pas médire. Chez les insectes comme chez les quadrupèdes, les carnassiers mangent les herbivores; et ici, pour l'homme c'est tout bénéfice.

Les blattes, malheureusement, sont omnivores. On fait dériver leur nom du verbe grec βλάπτω, *je nuis;* et, il faut le dire, elles ne justifient que trop cette étymologie. Elles sont parmi les insectes ce que sont les rats parmi les mammifères : un fléau des habitations humaines, mais un fléau cent fois plus à craindre que les rats. Contre ceux-ci nous avons les chats, les chiens, les pièges, le poison; contre les blattes, nous n'avons aucune arme; d'auxiliaires, pas davantage, si ce n'est peut-être la chouette tant calomniée. A ces ravageurs nocturnes, les seuls ennemis à opposer, ce sont ces oiseaux nocturnes, si grands mangeurs d'insectes, et si habiles à les saisir. Les blattes se rapprochent des rats par leurs appétits, leur parasitisme, leur désolante fécondité, par leur odeur même. Elles vivent dans les maisons, et de préférence élisent domicile dans la cuisine. Leur goût prononcé pour la farine les attire en grand nombre dans les boulangeries.

Toutes, heureusement, ne sont pas de la taille de la blatte gigantesque, que le dessin de M. Freeman montre réduite à la moitié de sa grandeur vraie. Cette espèce est propre au Brésil et à la Guyane. Celle qui est commune en Europe, et qu'on appelle vulgairement, en France, *panetière* ou *cafard*, est la *blatte orientale*. On la croit originaire de l'Asie. Les espèces qui habitent les colonies sont connues des créoles et des marins sous le nom de *kakerlacs* ou *cancrelas*. Les navires en sont infestés. Elles y pullulent d'une manière effrayante, dévorent les marchandises, les provisions, les vêtements des marins et des passagers, et se répandent en grand nombre dans nos villes maritimes.

Les *mantes,* les *phasmes* et les *spectres*, voisins des blattes dans la série qui nous occupe, sont remarquables principalement par leur grande taille et par la bizarrerie de leurs formes et de leurs couleurs. Nous n'avons point à nous en plaindre, au contraire : leurs appétits carnassiers doivent leur mériter notre bienveillance. C'est contre nos ennemis qu'ils exercent leurs tranchantes et fortes mâchoires, leurs pattes antérieures démesurément longues et armées d'aspérités aiguës.

Leur corselet allongé, leur tête aux yeux saillants, leur

Mante prie-Dieu ou religieuse (grand. nat.).

abdomen étalé, les appendices écailleux qui garnissent leur corps et leurs membres, leurs ailes et leurs élytres vertes ou jaunâtres, imitent à s'y méprendre, dans quelques espèces, les feuilles desséchées de différents arbres : tout cela leur compose une tournure étrange qui, jointe à la singularité de leurs mouvements, a fait naître sur le compte de ces orthoptères bien des préjugés.

Les mantes (du grec μάντις, *devin*) passent, dans certaines contrées, pour posséder les facultés les plus merveilleuses. La *mante prie-Dieu* ou *mante religieuse* est presque un animal sacré aux yeux des paysans languedociens, qui l'appellent *prega-Diou*, et croient tout de bon qu'elle fait ses dévotions. Le fait est qu'on la voit presque constamment dans une atti-tude qui imite assez bien celle de la prière. Elle redresse sa

Mante gongylode (²/₃ de grand. nat.).

tête et son long thorax, joint sous son menton les articulations de ses deux grandes pattes antérieures, et demeure ainsi comme en contemplation durant des heures entières. En réa-lité, son unique préoccupation est de guetter sa proie, qu'elle saisit très adroitement entre sa jambe et sa cuisse, et qu'elle dévore à belles dents : je veux dire à belles mandibules. La

voracité des femelles est telle, qu'à défaut d'autres proies suf-
fisantes, elles ne se font aucun scrupule de dévorer leurs
maris.

La *mante,* ou *empuse gongylode,* qui habite l'Afrique, est
encore plus difforme que la mante européenne. Son front est

Phasme géant (²/₃ de grand. nat.).

armé d'une sorte de corne; son corselet est dilaté au sommet;
les articulations de ses cuisses s'épanouissent en forme de
manchettes, et ses ailes plissées dépassent ses élytres comme
le volant d'un mantelet.

Les *phasmes* et les *spectres* diffèrent des mantes par leur
corps très allongé, partout de même diamètre, droit et raide
comme un bâton, et par leurs ailes développées, ayant la

forme et l'aspect des feuilles sèches, sur lesquelles ils vivent. Le plus extraordinaire sous ce rapport est celui qu'on nomme *phyllie feuille sèche*, ou *feuille ambulante*, et qui habite les Indes orientales. Ses élytres ressemblent à des feuilles qui n'auraient plus que leurs nervures et leur épiderme, et ses cuisses à des pétioles dilatés de feuille d'oranger. Le mâle est plus long et plus étroit que la femelle; ses élytres sont courtes, et ses ailes ne dépassent pas son abdomen.

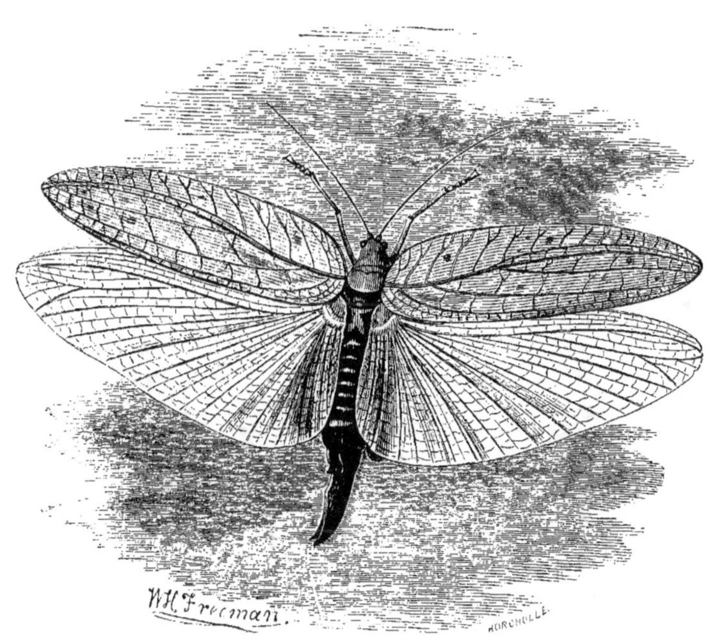

Pseudophylle feuille de laurier-rose (1/2 de grand. nat.).

C'est aussi dans l'Inde qu'on trouve le phasme géant, dont le corps est long de vingt à vingt-cinq centimètres, de couleur verte, tuberculé sur le corselet. Les pattes de cet insecte sont épineuses, ses élytres très courtes, ses ailes d'un gris roussâtre, avec des nervures brunes.

Aux Antilles, on connaît une autre espèce de phasme, le *phasme-bâton*, qui n'a point d'ailes, et qu'on prendrait pour une branche de bois mort.

Les *pseudophylles*, qui établissent la transition entre les orthoptères marcheurs et les sauteurs ou locustiens (*locusta,* sauterelle), partagent avec les mantes, les phasmes et les spectres, la faculté de se dissimuler sous une apparence végétale. Telle espèce de ce genre reproduit avec une surprenante exactitude la feuille de l'olivier; telle autre, celle du nérium; telle autre, celle du laurier-rose. Ces ressemblances sont évidemment, pour les pseudophylles, ainsi que pour les mantes, les phasmes et les spectres, un moyen d'échapper à leurs

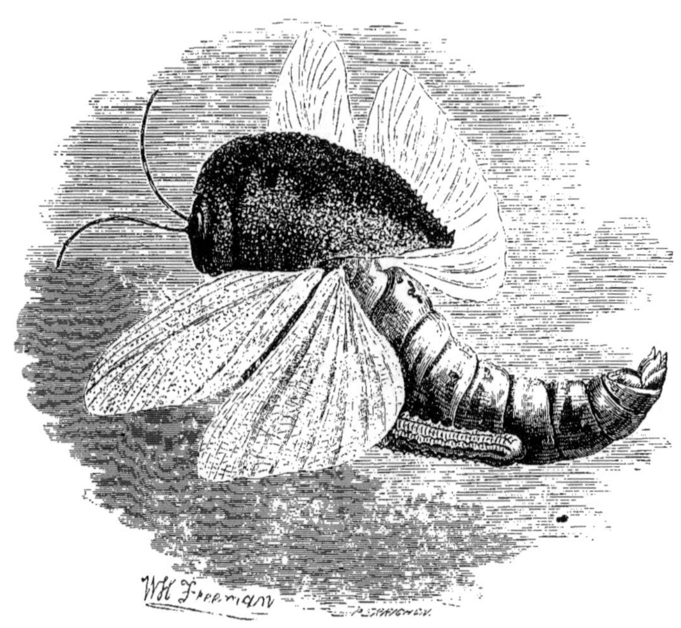

Tératode à cou en montagne (grand. nat.).

ennemis, les oiseaux insectivores, qui ne peuvent les distinguer des feuilles et des branches de l'arbre qu'ils habitent.

On serait fort en peine de dire à quoi ressemble, si ce n'est à lui-même, le *tératode à cou en montagne :* une bien vilaine bête, sans contredit, et dont tout le mérite est d'être rare et encore peu connue. On classe approximativement les tératodes parmi les locustiens. Ils habitent l'île de Java. L'individu que représente notre dessin est le seul que possède le muséum de Paris. C'est une femelle : le mâle n'a été décrit, que je sache, par aucun naturaliste.

La sauterelle est, avec le grillon et la cigale, un insecte des plus communs dans nos champs. L'agriculteur ne la hait pas, bien qu'elle fasse du mal; son petit nombre réduit ce mal à peu de chose. Les enfants s'en amusent, essayent de la suivre dans ses sauts rapides, et, quand ils l'attrapent, examinent

Phyllie feuille-sèche (²/₃ de grand. nat.).

avec curiosité sa singulière physionomie, sa belle couleur verte, ses grandes pattes, et l'espèce de sabre ou de coutelas que portent les femelles. Ce glaive n'est pourtant pas une arme, mais une tarière dont la mère se sert pour terrer ses œufs. La véritable arme de la sauterelle, ce sont ses fortes et tranchantes mandibules, qui mordent très bien jusqu'au sang.

La sauterelle *à sabre* répand dans la plaie qu'elle fait une liqueur âcre et corrosive. Les paysans suédois la nomment *ronge-verrue*; ils la saisissent exprès pour lui faire mordre et cautériser les verrues qu'ils ont sur les mains, et qui cèdent, dit-on, au traitement de ces chirurgiens ailés.

Le mâle de la sauterelle possède un instrument de musique, qui ne rend pas des sons plus variés ni plus agréables que la

Sauterelle de passage, ou criquet-pèlerin (grand. nat.).

musette du grillon et la vielle de la cigale. Cet instrument manque chez les *criquets*, qui se distinguent encore des sauterelles proprement dites par l'absence de tarière chez les femelles. C'est au genre des criquets qu'appartient la terrible sauterelle de passage, appelée aussi criquet-pèlerin (*acridium peregrinum*), l'Attila, le fléau des moissons et des vergers, le prince des dévorants. On rencontre des criquets aux environs de Paris, mais ils sont de petite taille. Ils ont les ailes transparentes et de couleur jaune verdâtre, les élytres brun clair tacheté de noir, le corps vert ou brun, le corselet surmonté d'une crête, les mandibules noires.

Dans l'Europe orientale, leur patrie, les criquets atteignent une longueur de sept à huit centimètres. Leur fécondité est prodigieuse. Il se réunissent, pour émigrer, en troupes innombrables, véritables nuages, assez étendus et assez épais pour obscurcir la lumière du soleil, et se dirigent toujours de l'est à l'ouest. Leurs étapes sont de quarante kilomètres par jour. Ils s'annoncent de loin par un bruissement sourd. Malheur au pays qu'ils choisissent pour s'y reposer et s'y restaurer ! En quelques heures les arbres sont dépouillés de leurs feuilles, de leurs fleurs, de leurs fruits, de leur écorce même ; les champs sont rasés comme si la flamme y avait passé ; tout a disparu sous l'insatiable avidité de ces ravageurs. Lorsqu'ils reprennent leur vol, la plus fertile contrée est changée en un lieu aride. Souvent les criquets meurent tous à la fois au milieu de leur voyage. Alors la décomposition de leurs cadavres amoncelés infecte l'air, et les horreurs de la peste s'ajoutent à celles de la famine.

L'Égypte, l'Arabie, la Syrie, la Hongrie, la Pologne, la Russie, la Suède sont souvent dévastées par ces insectes. En France, ils apparaissent rarement. Leur dernière grande invasion remonte à l'année 1715. Plus de quinze mille arpents de blé furent alors ravagés aux environs d'Arles et de Marseille.

Heureusement les criquets sont exposés à de nombreuses causes de destruction. Ils supportent mal les intempéries de l'air. Les renards, les lézards et surtout les oiseaux en font une énorme consommation. Enfin, dans une grande partie de l'Asie et de l'Afrique, et même dans le midi de l'Europe, l'homme trouve moyen de se défendre contre ce fléau, et même d'en tirer parti : il le mange. Certains peuples recherchent les sauterelles comme un mets très délicat, et cet aliment, que nos préjugés nous font trouver au moins singulier, est l'objet d'un commerce important.

« La sauterelle, dit un savant naturaliste [1], est la manne de l'Asie. Qui ne sait que les prophètes, dans les grottes du Car-

---

[1] Pouchet (de Rouen). Leçon sur les *Insectes alimentaires*, citée par M. Michelet, dans son livre de *l'Insecte*.

mel, ne vivaient pas d'autre chose? Les prophètes de l'islamisme suivaient le même régime. On disait un jour à Omar : « Que pensez-vous des sauterelles ? — Que j'en voudrais un « plein panier. » Un jour elles lui manquèrent. A grand'peine un serviteur lui en trouva une; et reconnaissant, charmé, il s'écria : « Dieu est grand ! »

« Aujourd'hui encore on vend des sauterelles dans tout l'Orient, et on les mange au café comme dessert et friandise. On en charge des vaisseaux; on en trafique à pleins tonneaux. »

A Madagascar, l'arrivée des sauterelles est considérée comme un bienfait. « Tout le monde, dit un voyageur anglais, se précipite à leur rencontre en essayant de les abattre ou de les prendre au vol dans les *lambas;* les femmes et les enfants les ramassent dans des paniers. » On leur détache les jambes et les ailes en les secouant d'un bout à l'autre d'un long sac, et les corps, séchés au soleil ou frits dans la graisse, sont enfermés dans des sacs pour être conservés et envoyés au marché. Les indigènes, et particulièrement les Hovas, en sont très friands. Goût de sauvages, direz-vous. — Et pourquoi ? — En France ne mange-t-on pas des escargots ?

CHAPITRE VI

LES COLÉOPTÈRES

Ce nom de *coléoptères,* bien que très scientifique et dérivé du grec (κολέος, étui, et πτέρον, aile), est assez connu pour que je puisse me permettre de l'employer sans effaroucher mes lectrices ou mes lecteurs. Car peu de personnes sauraient distinguer un névroptère d'un hyménoptère ou d'un orthoptère; mais les moins savants, pour peu qu'ils se soient parfois amusés à faire la chasse aux insectes, reconnaîtront sans peine un coléoptère.

A chaque instant dans les champs, dans les jardins, on voit

courir ou voltiger des insectes appartenant à cet ordre, le mieux déterminé de toute la série entomologique, et le plus considérable : il ne renferme pas moins de soixante-quinze mille espèces. Au premier abord, les coléoptères semblent dépourvus d'ailes. Tout leur corps est couvert d'une armure résistante, propre, luisante, qui souvent brille d'un éclat métallique. La tête, le corselet, l'abdomen, les pattes même en sont entièrement revêtus. Rien de plus artistement fait, de plus savamment ajusté que les pièces nombreuses de cette panoplie : casque, cuirasse, jambards, cuissards, brassards et gantelets, rien n'y manque. Les ailes proprement dites, ou ailes inférieures, sont repliées sous les élytres, pièces opaques et cornées qui les cachent et les garantissent entièrement, se joignent au milieu du dos, et s'appliquent exactement sur le corps. Ces élytres ou étuis sont l'organe caractéristique des coléoptères.

A ces armes défensives s'ajoutent, chez plusieurs, des armes offensives comparables à celles des crustacés : ce sont des pinces énormes, dentelées, résultant soit du développement extraordinaire des mandibules, comme chez le macrodonte-cervicorne et chez le lucane cerf-volant, soit du prolongement de l'os frontal et de l'os thoracique, comme chez le scarabée-hercule et chez le scarabée-énéma. Une autre espèce, le scarabée-nasicorne, ou rhinocéros, est armée d'une seule corne placée sur le sommet de la tête, et formant comme le cimier de son casque.

Tous les coléoptères ont, d'ailleurs, des mandibules et des mâchoires fortes, tranchantes, propres à entamer et à broyer des substances résistantes, animales ou végétales. Les antennes paraissent être, pour les coléoptères, des organes d'une grande importance. Les différentes formes qu'elles affectent ont servi à constituer plusieurs familles, telles que celles des clavicornes, des lamellicornes, des longicornes. D'autres divisions sont fondées sur le genre de vie ou le mode d'alimentation des coléoptères : telles sont les familles des carnassiers, des hydrophiles, des xylophages, etc.

Les coléoptères sont des insectes à métamorphoses complètes. Leurs larves ressemblent à des vers mous, charnus et blanchâtres. Cependant elles ont déjà la tête écailleuse et les puis-

santes mâchoires de leur race. L'état de nymphe est pour ces
animaux une véritable léthargie, où les fonctions de la vie
semblent suspendues. Pendant cette période de leur existence,
ils ne font aucun mouvement et ne prennent aucune nourriture.
A l'état de larves et d'insectes parfaits, ils sont essentiellement

Scarabée-hercule (2/3 de grand. nat.).

destructeurs : ce qui ne veut point dire qu'ils soient nécessairement nuisibles. J'entends nuisibles à l'homme ; car au point
de vue de l'équilibre naturel, de la balance constante entre la
création et la destruction, il serait téméraire de prononcer ce
mot : nuisible. Et même, à ne considérer que nos intérêts,
nous devrions moins nous hâter de déclarer ennemis et de

traiter comme tels un grand nombre d'animaux, par cela seul qu'ils sont destructeurs. Ne savons-nous pas que partout destruction est le corrélatif de production, que la mort est la condition de la vie? Il nous sied mal d'ailleurs d'imputer à des êtres purement instinctifs un prétendu crime que nous commettons chaque jour de gaieté de cœur et à notre grand préjudice, en faisant une guerre barbare et injuste à nos meilleurs alliés. Notre premier mouvement, à la vue d'un animal quelconque que nous ne connaissons pas, c'est de le tuer. Et quand nous daignons chercher un prétexte à cette fureur de meurtre, nous ne manquons pas d'alléguer que notre victime, si nous l'avions laissée vivre, aurait détruit quelque chose. Eh ! sans doute; mais peut-être n'eût-elle détruit que des choses ou des êtres qui nous sont inutiles, ou même nuisibles. C'est le cas d'un certain nombre d'insectes, et notamment des coléoptères.

« Le rôle que les coléoptères jouent dans la nature, dit M. le docteur Chenu, est très important et très varié; un grand nombre d'entre eux, et surtout ceux de la famille des carabiques (groupe de carnassiers), sont destinés à détruire des quantités considérables d'insectes qui attaquent les végétaux; d'autres, les nécrophages, contribuent à débarrasser le sol des animaux morts. Les uns n'ont pour mission que de hâter la décomposition des végétaux; les autres doivent limiter la reproduction de ces végétaux en attaquant leurs feuilles, leurs tiges et surtout leurs graines, si nombreuses dans certaines espèces... Certaines sous-divisions se composent d'espèces destinées à détruire le bois mort; d'autres n'attaquent que les végétaux languissants et malades.

« Les coléoptères, comme les animaux les plus élevés dans la série animale, vivent plus ou moins en société, quand ils ne sont pas obligés de pourvoir à leur existence par la chasse et la rapine. Cependant on ne trouve pas chez eux de ces associations organisées en républiques ou en monarchies, comme on en voit des exemples si curieux dans d'autres ordres, tels que les abeilles, les termites, les fourmis, les guêpes, etc. Ceux qui se réunissent en grand nombre pour vivre ensemble appartiennent aux groupes qui se nourrissent de végétaux, et qui, à l'exemple des mammifères herbivores, paissent tran-

quillement et sans combat. Du reste, comme ces animaux con-
courent aussi au but final, au maintien de cette belle harmonie qui se remarque dans la nature et qui est la seule
garantie d'un ordre de choses perpétuel, leur rôle est tout à
fait analogue à celui que jouent les animaux plus grands. Les

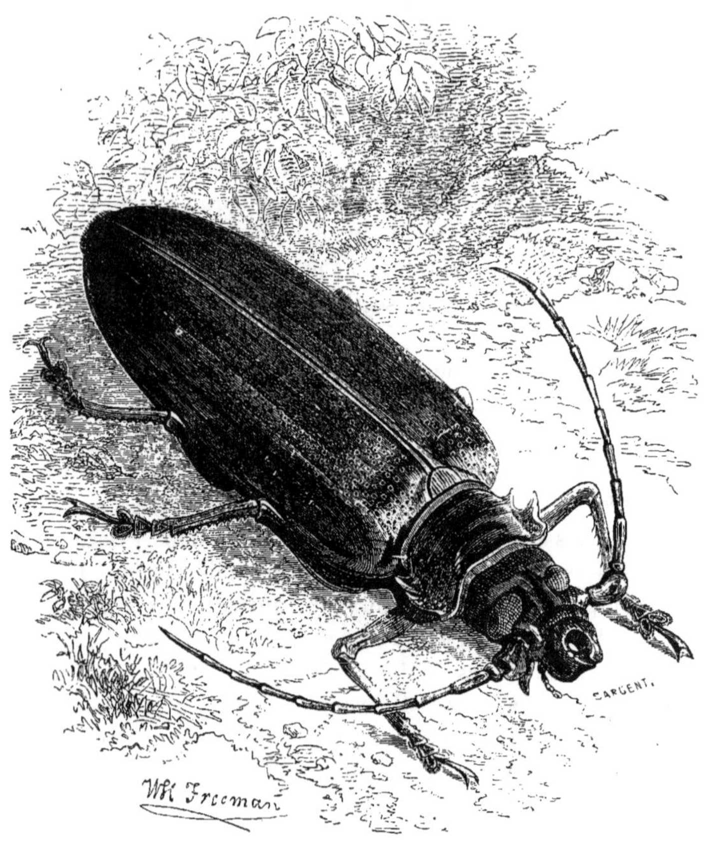

Titan géant (²/₃ de grand. nat.).

carnassiers, et principalement les carabes, les cicindèles et
quelques autres groupes, peuvent être comparés aux lions,
aux loups, aux aigles, etc., qui, dans les animaux supérieurs,
ne se nourrissent que d'animaux vivants ou morts.

« Il y a dans les coléoptères, comme nous l'avons déjà dit,
des groupes entiers destinés à faire disparaître les cadavres, à

6

être les fossoyeurs de la nature (nécrophores, sylphes, etc.),
comme on en trouve dans les mammifères et les oiseaux
(hyènes, vautours, etc.). D'autres nettoient le sol, en dévorant
les fientes et les excréments des autres animaux ; quelques-uns
façonnent avec ces matières des boules dans lesquelles ils déposent leurs œufs, et qu'ils roulent, à l'aide de leurs pattes,
dans des trous creusés par eux ; ils mettent ainsi leurs œufs

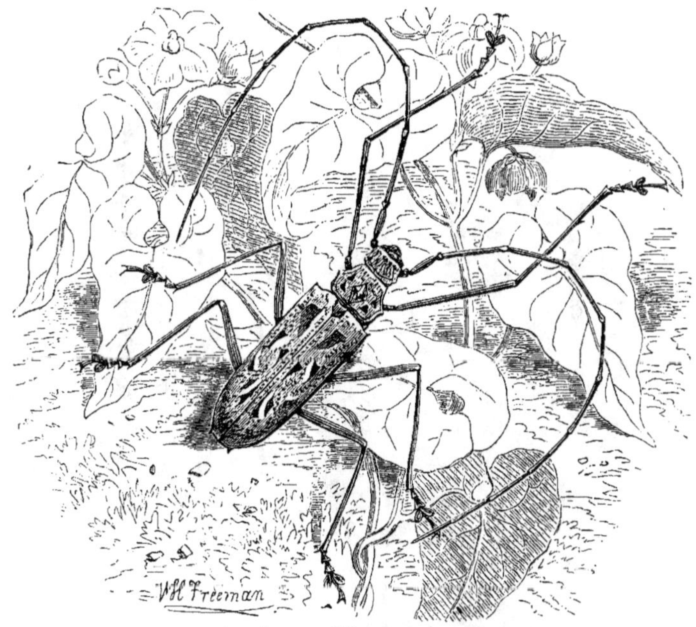

Acrocine accentifère (grand. nat.).

à l'abri, et assurent la nourriture nécessaire aux petites larves
qui en naîtront.

« Nous trouvons aussi dans les coléoptères des quantités
d'espèces qui représentent ces nombreux animaux de toutes
les classes, destinés à vivre de végétaux, et qui doivent devenir
la nourriture des carnassiers. Sans les animaux herbivores,
les carnassiers ne pourraient pas exister ; sans les carnassiers,
qui maintiennent l'équilibre, les herbivores mourraient bientôt
de faim ; car ils finiraient par dépouiller la terre de tous ses
végétaux.

« Les coléoptères se trouvent sur la terre, dans l'air et dans les eaux. Ils sont répandus sur toutes les parties du globe, mais inégalement, comme tous les êtres. Les lieux seuls qui sont privés de végétaux sont aussi privés d'insectes; en sorte qu'on peut dire qu'ils sont subordonnés à la végétation [1]. »

C'est dans les contrées tropicales, là où la terre, tour à tour

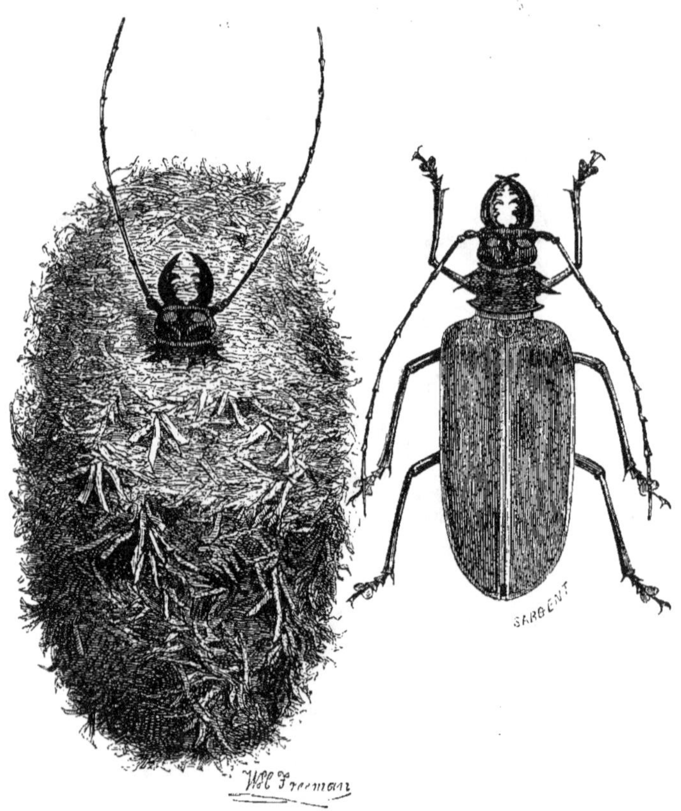

Acanthophorus serraticornis et son nid (²/₃ de grand. nat.).

échauffée par les rayons ardents du soleil et détrempée par des pluies torrentielles, développe sans obstacle son exubérante fécondité, là où, par conséquent, la grande évolution de la vie, sans cesse détruite et sans cesse régénérée, s'accomplit avec une formidable activité, c'est là que fourmillent les énergiques et implacables agents de ce travail immense, les in-

---

[1] *Encyclopédie d'histoire naturelle*, Coléoptères. 1re partie.

sectes; c'est là qu'on trouve les coléoptères géants, cyclopes dont la taille et la force sont en rapport avec la rude tâche qui leur est assignée. Ces infatigables ouvriers, — les plus grands de tous les insectes, — avec leurs armes et leurs outils de sapeurs, leurs cuirasses impénétrables et leur féroce appétit,

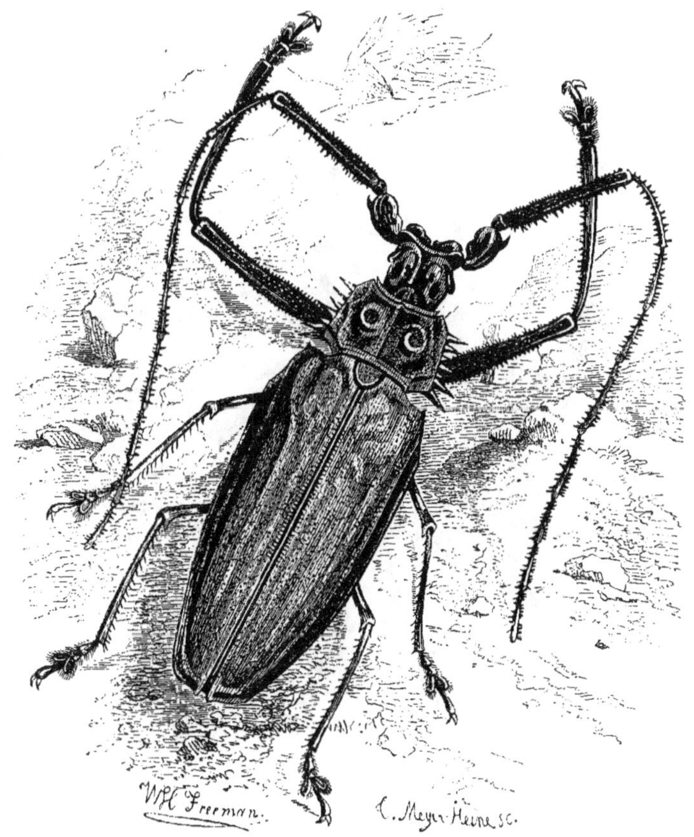

Énoplocère épineux (²/₃ de grand. nat.).

exterminent une immense quantité de petits insectes, émondent les forêts, achèvent les plantes malades, dévorent les cadavres d'animaux, font rentrer, en un mot, dans le torrent vital toute substance organique que la mort ou la maladie livrerait à la décomposition putride, s'ils n'étaient là pour y mettre ordre.

M. le docteur Chenu fait observer que les coléoptères phytophages sont de dimensions proportionnées à celles des arbres dont ils se nourrissent. C'est dans cette section et dans les familles des *longicornes* et des *scarabées*, que se trouvent les coléoptères géants, propres aux contrées tropicales. Nous en avons choisi quelques exemplaires, pour en mettre sous les

Scarabée-goliath géant (²/₃ de grand. nat.).

yeux du lecteur les portraits ressemblants; non pas tous de grandeur naturelle : la plupart ont dû être réduits d'un tiers au moins. Le plus grand de tous, son nom le dit assez, est le *titan géant*, énorme longicorne de l'Amérique méridionale. L'*acrocine accentifère* est de moins grande taille; son nom d'*accentifère* lui vient des taches dont ses élytres sont marquées, et qui ont la forme d'accents ou de virgules. Un autre acrocine, dont j'ai déjà parlé, est remarquable, non seulement par la longueur de ses antennes, mais encore par celle de ses pattes antérieures : d'où le nom bien mérité de *longimane*, que lui ont donné les naturalistes. La *macrodontie cervicorne* de la Guyane atteint une longueur de quinze centimètres, y compris ses redoutables mandibules. On mange sa larve, qui vit dans le bois du fromager, arbre de la famille des *sterculiacées*. L'*acanthophore à cornes en scie* (*acanthophorus serraticornis*) a les mandibules beaucoup moins grandes; mais ces mandibules, croisées comme des cisailles et profondément dentelées, lui permettent de broyer le bois dont il se nourrit, et de couper les herbes et les menues branches, qu'il entrelace ensuite adroitement pour se construire un nid comparable à ceux des oiseaux les plus habiles en ce genre de travail.

Un longicorne colossal, l'*énoplocère épineux*, est couvert d'une armure qui n'est pas sans analogie avec ces colliers garnis de clous qu'on met aux chiens de garde et de combat. Son corselet, ses élytres, ses pattes, ses longues antennes sont tout hérissés d'épines, dont quelques-unes, placées de chaque côté du corselet, ont trois à quatre millimètres de longueur. La taille de ce coléoptère est de dix à douze centimètres, non compris ses antennes, qui ont environ quinze centimètres.

Parmi les scarabées, il faut citer comme le plus grand et le plus beau le *goliath géant* de la côte de Guinée; ses pattes sont d'un brun noir; de grandes bandes de même couleur sont disposées régulièrement sur ses élytres et sur son corselet, dont le fond est jaune clair. On connaît plusieurs espèces de ce genre, toutes propres à l'Afrique tropicale, toutes justifiant par leurs proportions athlétiques le nom sous lequel on les a désignées. A la suite de ces colosses se placent d'autres scarabées de taille encore très respectable, et pourvus d'armes offensives que la nature a refusées au goliath. Tels sont le *scarabée-hercule* et le *lucane cerf-volant*, le *scarabée-énéma*, le *nasicorne*, dont j'ai signalé, au commencement de ce chapitre, les particularités les plus remarquables. Il faut ajouter que, dans ces espèces, le mâle seul est pourvu de ces armes, qui doivent lui servir à conquérir et à défendre contre ses rivaux la dame de ses pensées. Aussi la femelle du lucane cerf-volant

est-elle appelée *biche*, par analogie avec la femelle du cerf,
qui n'a pas de bois, comme chacun sait. Les lucanes se trouvent en Europe. Leurs larves vivent dans l'intérieur des chênes.
Le cerf-volant, à l'état d'insecte parfait, se pétrit avec de la
terre un nid assez grossier où il s'abrite pendant la nuit. On

Lucane cerf-volant (3/4 de grand. nat.).

les voit voltiger dans les bois, au solstice d'été, après le coucher du soleil. Le jour, ils se tiennent accrochés aux branches
des chênes, dont ils sucent la sève. Ces insectes ont un goût
prononcé pour le miel. Le célèbre naturaliste Swammerdam
avait apprivoisé un *lucane-chevreuil*, dont il se faisait suivre
comme un chien en lui présentant du miel.

Le hanneton, si commun en Europe, est cousin des scarabées (famille des *lamellicornes*). C'est un des insectes les plus nuisibles à l'agriculture. Sa larve, le *ver blanc*, commence par vivre sous terre, pendant deux, trois et quatre ans, des racines de nos plantes potagères ; puis l'insecte, arrivé à l'état parfait, dévore les feuilles et les jeunes pousses, et il n'est pas rare de voir, sous ses atteintes, des arbres languir et dépérir en quelques jours. On a proposé bien des moyens pour détruire ce coléoptère malfaisant. Le plus facile et le plus sûr serait de lui déclarer la guerre dès qu'il paraît, avant que les femelles aient eu le temps de pondre. En une campagne de quelques jours, commencée en temps utile et suivie avec ensemble, on pourrait en détruire des millions, et l'espèce ne tarderait pas à disparaître. Les enfants pourraient être employés dans les campagnes à cette chasse, qui serait pour eux une partie de plaisir. Puisque « cet âge est sans pitié », il trouverait là de quoi satisfaire utilement son goût inné pour la destruction.

<hr>

CHAPITRE VII

LES PAPILLONS

Michelet raconte, dans son livre de *l'Insecte,* que le peintre Gros chassa un jour de son atelier, avec défense d'y jamais reparaître, un de ses élèves qui s'était présenté devant lui ayant un papillon encore vivant piqué à son chapeau. Michelet loue hautement cet acte de rigueur qui, pour un papillon mis à mort, compromettait l'avenir d'un jeune homme. Il vante à ce propos la « vive sensibilité du grand artiste », sa « religion de la beauté ». J'avoue, quant à moi, que la sensibilité me paraît ici grandement exagérée, et que la « religion de beauté », ainsi entendue, frise de bien près le fanatisme. Ce n'est pas moi, certes, qui chercherai jamais à excuser la cruauté envers les animaux. La cruauté est toujours odieuse. Rien ne nous autorise à ôter inutilement, arbitrairement la vie aux êtres qui nous sont inférieurs. Et quant à les torturer, quant à se faire un jeu de leurs souffrances et de leur agonie, c'est la marque d'un naturel ingrat, méchant et pervers. C'est, de plus, une lâcheté. Même envers les animaux qui sont ses ennemis, et à l'égard desquels il peut se considérer comme exerçant le droit de légitime défense, l'homme n'est point dispensé de rester digne, juste et miséricordieux.

Il ne faut pourtant pas pousser les scrupules à l'excès, sous peine de tomber dans les ridicules et dégradantes superstitions de ces fakirs hindous, qui croient commettre un crime en écrasant une mouche, et se laissent ronger par les parasites plutôt que d'attenter à la vie de ces animaux. N'oublions pas non plus qu'à mesure qu'on descend l'échelle zoologique, la vie, pour ainsi dire, se décentralise, se réduit de plus en plus aux fonctions végétatives et mécaniques ; le système nerveux se simplifie et s'amoindrit, et avec lui les facultés sensitives. Des lésions qui seraient graves, douloureuses, mortelles pour un mammifère ou un oiseau, deviennent tout à fait insignifiantes chez un articulé : l'animal ne s'en aperçoit même pas et n'en continue pas moins de se bien porter, de pourvoir à ses besoins, de suivre ses habitudes, comme si de rien n'était. Je me souviens de m'être livré une fois, il y a quelques années, à des expériences assez significatives sur une puce. Après l'avoir noyée et *dénoyée* plusieurs fois, je m'avisai de lui arracher les pattes, et je la posai sur ma main. L'animal, incontinent, se mit à me piquer et à me sucer du meilleur appétit.

Il y a mieux : l'empalement des insectes, tel que le pratiquent les collectionneurs, peut être un moyen de prolonger leur vie : j'entends la vie des insectes. L'entomologiste Ledoux alla un jour trouver un de ses confrères, le docteur Le Maout. Il tenait à la main une boîte dans laquelle se trouvait un coléoptère de la famille des carnassiers, le *calosoma auropunctatum*. Cet animal avait le corps traversé par une fine épingle solidement fichée dans un morceau de liège. « Je le garde ainsi depuis un an, dit Ledoux, et il se porte mieux que moi ; car j'ai un cancer à l'estomac, qui ne me laisse pas six mois de vie. » Il ne disait que trop vrai : six mois plus tard, il expirait, léguant son calosome à Le Maout, qui continua de le nourrir avec des chenilles sans poils et des intestins de poulet, selon la prescription du testateur. L'animal vécut encore quatre mois ainsi, et il mourut par accident ! « Un jour qu'il dévorait sa pâture ordinaire, dit Le Maout, je voulus la lui arracher, et l'effort qu'il fit pour la retenir lui tirailla violemment le cou. Le lendemain, je le trouvai mort. Ainsi ce coléoptère, qui devait mourir quelques jours après la ponte de ses œufs (laquelle suit de très près sa dernière métamorphose), fut conservé vivant pendant près de deux ans, parce qu'il n'avait pas accompli sa destinée [1]. »

Les papillons sont dans le même cas que les coléoptères. Après leur dernière métamorphose, la nature ne leur accorde que juste le temps de se reproduire. Le mâle survit très peu à la fécondation, et la femelle meurt presque aussitôt après la ponte. Donc en tuant un papillon, on ne lui fait tort que de quelques jours, peut-être de quelques heures de vie, et cette mort violente n'est pas pour lui plus douloureuse que sa mort naturelle. On m'objectera que celui qui le tue avant qu'il se soit reproduit anéantit ainsi non seulement l'animal lui-même, mais toute sa postérité. Il est vrai, mais ce n'est pas là un mal : au contraire. Les papillons sont de charmants insectes, admirables par la forme élégante et les vives couleurs de leurs ailes ; ils sont un des ornements de nos campagnes et de nos jardins, et c'est justement qu'on les a appelés « des fleurs vivantes » ; car leur existence est bien innocente d'ailleurs : ils ne vivent que du suc de ces mêmes fleurs, dont ils semblent plutôt les amis que les parasites.

Tout cela est vrai ; mais avant d'entrer dans la chrysalide d'où il sort radieux et léger pour s'élancer dans les airs, le papillon a vécu d'une vie plus longue et beaucoup moins innocente : il a été chenille. Or les chenilles sont un des plus désastreux fléaux de l'agriculture. En France, l'administration est obligée de promulguer chaque année des édits prescrivant l'*échenillage* des arbres ; et cette opération ne réussit pas toujours à conjurer le mal. Chaque chenille qui échappe à la pro-

---

[1] Emm. Le Maout, *le Jardin des Plantes*. — 2 vol. grand in-8°. Paris, 1843. Sixième partie (tome II).

scription devient un papillon, et un seul papillon peut reproduire des centaines de chenilles qui, l'année suivante, recom-
menceront à dévaster les bois, les champs et les vergers. Les
unes mangent les fleurs et les bourgeons; d'autres, l'écorce,
ou même la partie ligneuse et les racines des arbres, qu'elles
amollissent préalablement au moyen d'une liqueur âcre, sécrétée par un organe particulier. Il en est aussi qui rongent
les étoffes de laine, le cuir, etc. Mais la plupart se nourrissent
de feuilles. Leur voracité est extrême, et la nature les a pourvues d'un puissant appareil masticatoire. Il n'est pas rare,
lorsqu'on passe, vers le soir, au printemps, dans un bois envahi par les chenilles, d'entendre le bruit qu'elles font en
broyant leur nourriture. Le plus grand nombre se nourrissent
exclusivement d'une seule substance; mais certaines espèces
se montrent moins délicates, et attaquent toutes les matières
organiques qui s'offrent à elles.

On sait le proverbe : *laid comme une chenille*. Le fait est
que ces larves n'ont rien, en général, de gracieux. Elles dé-
plaisent et répugnent comme tout ce qui rampe. Ce sont, en
somme, des vers plus ou moins gros, au corps allongé, presque
cylindrique. Seulement elles ont des pattes. Ces pattes se distinguent en *vraies* et en *fausses*. Les vraies sont écailleuses et
toujours au nombre de six; elles correspondent à celles de
l'insecte parfait. Les fausses sont membraneuses; leur nombre
varie de quatre à dix. Leur tête est cornée; leur bouche se
compose de deux fortes mandibules, deux mâchoires et une
lèvre, et quatre petits palpes. Beaucoup ont le corps nu et de
couleur blanchâtre ou grisâtre; mais un assez grand nombre
sont hérissées de poils, de tubercules ou d'épines, et présentent des teintes plus ou moins vives. Quelques-unes sont
exactement de la couleur des végétaux sur lesquels elles
vivent.

Les mœurs de ces larves n'ont rien de bien intéressant. Elles
ne font guère autre chose que manger, jusqu'au moment où
elles doivent opérer leur métamorphose. Cependant ce grand
travail est précédé de trois ou quatre mues, qui indisposent
légèrement l'animal et ralentissent son appétit. Avant de passer à l'état de nymphe ou de *chrysalide*, les chenilles filent
ordinairement une coque pour s'y enfermer. Les nocturnes et

surtout les *bombyx* excellent dans la confection de cette coque,
et la forment de ces filaments fins, brillants, souples et résis-
tants, qui constituent la soie. Nous ferons plus loin aux auteurs de ce merveilleux produit les honneurs d'un chapitre
spécial.

Nids de chenilles processionnaires de Madagascar.

Parmi les chenilles de papillons diurnes et crépusculaires,
plusieurs ne se font qu'une coque grossière, en reliant ensemble, avec de la soie, des feuilles, des brins de bois ou
d'écorce, des parcelles de terre. D'autres s'attachent simplement aux troncs et aux branches des arbres par quelques fils.
Celles-là ne demeurent que quelques jours à l'état de chrysalide.

Les chenilles d'un bombyx très répandu dans l'ancien monde,
le bombyx *processionnaire*, vivent en sociétés nombreuses
et se construisent un nid commun, qui consiste en une enveloppe formée de débris végétaux mêlés avec les poils de leur
propre corps, et maintenus avec de la soie. Chacune se fait,

Idée agélie.

en outre, dans l'intérieur de ce nid, un cocon grossier composé
des mêmes matériaux. Le nom de *processionnaires* a été donné
à ces chenilles parce qu'elles sortent le soir de leur retraite,
pour chercher leur nourriture, dans un ordre régulier comme
celui d'une procession. Une d'elles s'avance en tête et conduit
la marche. Deux autres viennent ensuite de front, puis trois,

puis quatre, et ainsi de suite, chaque rang s'augmentant d'une unité. Lorsqu'elles ont soupé, elles rentrent au logis dans le même ordre. Cette espèce pullule d'une manière effrayante et fait de grands dégâts dans les forêts, principalement dans les forêts de chênes, où l'on voit souvent, en plein été, des milliers d'arbres dépouillés de leurs feuilles.

Les papillons (*lépidoptères*) ont été partagés par Latreille en trois grandes familles : celle des *diurnes,* ou papillons de

Héliconie halie (grand. nat.)

jour ; celle des *crépusculaires,* et celle des *nocturnes.* Ces trois familles sont faciles à distinguer. Les papillons diurnes ont le corps mince et allongé ; à l'état de repos, leurs ailes se relèvent et se joignent verticalement ; leurs antennes sont filiformes, et terminées quelquefois par un renflement ovale ou sphérique. Les crépusculaires et les nocturnes ont le corps gros, la peau veloutée, souvent garnie sur le thorax de poils assez longs. Lorsqu'ils ne volent pas, leurs ailes sont repliées horizontalement ; ou même, chez plusieurs espèces de nocturnes, elles retombent le long du corps. Les antennes des crépusculaires

sont allongées en forme de massue ou de fuseau. Celles des
nocturnes sont sétacées, ou vont en diminuant de la base à la
pointe ; elles sont souvent barbelées comme des plumes, ou
comme des feuilles de fougère.

Linné, qui, plus qu'aucun naturaliste, sut allier le culte des
lettres à celui de la science, le sentiment du beau à l'amour
du vrai, avait introduit jusque dans la classification et dans

Céthosie penthésilée (grand. nat.).

la nomenclature des animaux et des plantes cette simplicité
grandiose et poétique qui n'appartient qu'au vrai génie. Là
comme partout il avait mis la lumière et la couleur ; il avait
su rattacher les types entre eux par leurs caractères les plus
saisissants, et leur avait donné des noms aisés à comprendre
et à retenir, parce qu'ils faisaient, pour ainsi dire, image dans
l'esprit. « Le grand naturaliste, dit Emm. Le Maout, a répandu sur la nomenclature des papillons les trésors de la my-
thologie, et en combinant, par un artifice plein de charme, les
beautés naturelles de la création avec les beautés poétiques

qu'enfanta l'imagination des hommes, il a su les mnémoniser les unes par les autres. »

Ses papillons (les diurnes des entomologistes modernes) sont divisés en cinq *phalanges*. Ce sont les *chevaliers*, les *plébéiens*, les *héliconiens*, les *danaïdes* et les *nymphales*. Les chevaliers

Mégalure chiron (grand. nat.).
1 Vu en dessus.   2 Vu en dessous.

comprennent les *troyens* et les *grecs;* et l'on retrouve dans les deux camps les noms immortalisés par Homère et par Virgile : d'une part, Hector et son fils Astyanax, Priam et la malheureuse Hécube, la belle et perfide Hélène et le lâche Pâris; d'autre part, Achille, semblable aux dieux, et son fidèle ami Patrocle; les deux Atrides, Agamemnon et Ménélas ; le sage

Nestor, le prudent Ulysse, l'ingénieux Palamède, le bouillant
Ajax.

Les plébéiens se subdivisent en *campagnards* et en *citadins ;*
ils sont plus petits et de couleurs moins riches que les chevaliers.

Les héliconiens ont les ailes arrondies, très entières, diaphanes, presque sans écailles.

Cydimon leïle (³/₄ de grand. nat.).

Les danaïdes sont les papillons qui butinent sur les fleurs des
crucifères. Leurs ailes sont entières, blanches ou bigarrées.

Enfin les nymphales ont les ailes dentelées, quelquefois
ornées de figures d'yeux ; celles qui sont dépourvues de cette
décoration sont dites *aveugles.* Ici comme dans les groupes
précédents, tous les noms d'espèces sont empruntés à la my-
thologie.

Sous prétexte de compléter et de corriger la nomenclature et
la classification linnéennes, les entomologistes de nos jours
n'ont fait que l'embrouiller, la surcharger d'une multitude in-

nombrable de termes barbares, où ils ont eu soin de faire entrer leurs propres noms étrangement latinisés. Au lieu « d'injurier les plantes en grec [1] », comme font les botanistes, ils injurient les papillons en latin... et quel latin !...

Uranie riphée ($^2/_3$ de grand. nat.).

On n'attend pas de moi que je passe en revue les quatre à cinq cents espèces de papillons diurnes et crépusculaires aujourd'hui connues. Ces papillons ne se font d'ailleurs remarquer par aucune particularité de mœurs ou de caractère ; ils n'ont guère d'intéressant que leur beauté, et la beauté ne se décrit pas : il faut la voir. Celle des papillons, résidant prin-

[1] Mot de M. Alphonse Karr.

cipalement dans l'éclat et dans l'heureuse disposition de leurs
couleurs, ne peut être rendue que d'une manière bien incomplète par le crayon et le burin les plus habiles. Aussi nous
sommes-nous bornés à la reproduction d'un petit nombre de
types, que nous avons choisis en considération de leurs formes
élégantes, et sans nous préoccuper des couleurs, qu'il nous
était impossible de représenter.

Charaxes jasius (grand. nat.).

Tous ceux qui figurent dans ce chapitre, hormis un seul,
appartiennent à la famille des diurnes.

L'*agélie* (tribu des nymphales) est une grande et belle espèce
du genre *idée*. Elle n'a pas moins de soixante centimètres d'envergure. Ses ailes, transparentes et gracieusement arrondies,
sont marquées de larges nervures noires. M. le docteur Chenu
dit que ce papillon a le vol lourd ; ce qui m'étonne, eu égard à
sa conformation, et ce qu'il ne m'est point aisé de vérifier, car
il n'habite que les îles de l'océan Indien.

Les *héliconies*, dont nous donnons un spécimen rare et peu

connu, l'*héliconie halie*, sont propres à l'Amérique méridionale. On ignore comment sont leurs chenilles et leurs chrysalides.

Les *céthosies* ne sont pas beaucoup mieux connues. Ce genre
comprend plusieurs espèces répandues dans l'Asie méridio-

1 Gamma vanessa (gr. nat.).   2 Paon de jour (vanessa Io) (gr nat.).

nale, dans les îles de l'océan Indien et jusqu'en Australie. La
céthosie penthésilée est de petite taille ; mais ses ailes sont
d'une forme gracieuse, découpées en festons sur les bords, et
d'un dessin charmant.

Le *mégalure chiron*, le *cydimon leïle* et l'*uranie riphée* se
ressemblent par le développement de leurs ailes inférieures,
profondément découpées. Ces ailes sont terminées, chez les

deux premiers, par une longue dent en éperon, analogue à celles des *porte-queue* de nos climats. Les dents sont au nombre de trois grandes et cinq petites chez l'uranie, remarquable d'ailleurs par l'éclat de ses couleurs. Cette dernière a été rangée par M. Blanchard dans la même famille que le cydimon leïle (famille des *cydimoniens*). Quant aux mégalures, ils forment le soixante-cinquième genre de la tribu des danaïdes (famille des *nymphaliens*). Ce genre est représenté par diverses espèces aux Antilles, au Mexique et à la Guyane.

Le *charaxes* ou *nymphalis jasius* est une espèce européenne du genre *nymphale*, qui est surtout nombreux dans l'Afrique tropicale. Cette espèce se rencontre chez nous partout où abonde l'arbousier, sur lequel sa chenille vit exclusivement. Le papillon a le dessus des ailes d'un brun noirâtre chatoyant, avec une bande de taches, et le limbe postérieur d'un jaune fauve.

Ceux ou celles de mes lecteurs et lectrices qui ont fait la chasse aux papillons connaissent assurément le genre *vanesse*, dont les jolies espèces sont un des ornements de nos campagnes. J'en cite deux seulement : le vanesse *gamma* est ainsi appelé du nom du caractère grec qui correspond à notre G, parce qu'on voit cette lettre très nettement dessinée en blanc sur l'envers de l'aile inférieure. Ce papillon est de couleur fauve, avec des taches et des bandes noires qui suivent le contour des ailes.

Le vanesse *paon de jour* est un des plus jolis papillons de nos climats. Le dessus des ailes supérieures est d'un fauve rougeâtre très vif, traversé par un filet noir. Chacune de ses quatre ailes est marquée d'un *œil* dont le centre est rougeâtre, bordé d'un cercle jaune qu'entoure un filet noir. Ce sont ces *yeux* qui, joints à ses habitudes diurnes, lui ont fait donner le nom de paon de jour, par opposition au paon de nuit, également commun en France.

Je ne dirai que quelques mots des papillons crépusculaires, beaucoup moins riches en espèces que les diurnes. On divise actuellement cette section en quatre familles, dont la mieux caractérisée, et celle qui renferme les plus belles espèces, est assurément celle des *sphingiens,* ou, si l'on aime mieux, des *sphinx*. Ces papillons ont le corps gros, les antennes toujours

terminées par un petit flocon d'écailles. Ils sont remarquables
par la puissance de leurs ailes et de leur vol. On les voit planer longtemps en bourdonnant au-dessus des fleurs, puis pomper, à l'aide de leur longue trompe, le suc des nectaires, sans
être, le plus souvent, obligés de se poser. Leurs chenilles ont
en général le corps épais, et sont armées d'une corne dorsale
à leur extrémité postérieure. Elles vivent de feuilles et se mé-

Achérontie atropos ou Sphynx tête-de-mort (²/₃ de grand. nat.).

tamorphosent, pour la plupart, dans la terre, sans filer de
coque.

La plus belle et la plus curieuse espèce de cette famille est
le sphinx *tête-de-mort* ou *achérontie atropos*, qui justifie assez
bien ces noms lugubres par son aspect général, et surtout par
le dessin bizarre tracé sur son corselet. Ses ailes supérieures
sont variées de brun foncé, de brun-jaune et de jaunâtre clair;
les inférieures sont jaunes avec deux bandes brunes. L'abdomen est aussi jaunâtre, avec des anneaux noirs. Les taches de
son thorax, qui imitent assez bien une tête de mort, et le
bruit aigre qu'il fait entendre, ont rendu ce papillon un objet

de terreur superstitieuse dans nos campagnes, et surtout en Bretagne. Sa chenille vit sur la pomme de terre, le troène, le jasmin, etc. C'est la plus grande qui existe en Europe. Le papillon lui-même atteint une longueur de cinq à six centimètres, et une envergure de dix à douze. Le *cri* du sphinx atropos a fort intrigué les entomologistes. L'un d'eux, M. Passerini, a cru pouvoir avancer que l'appareil à l'aide duquel ce papillon le produit serait dans la tête. Cette assertion, appuyée par Duponchel, donnerait, si elle était définitivement confirmée, l'exemple peut-être unique d'une sorte d'organe vocal chez un animal articulé.

───────────

CHAPITRE VIII

LES FAISEURS DE SOIE

Dans une des nomenclatures très savantes qu'on a substituées à celles de Linné et de Latreille, les papillons nocturnes sont réunis avec les crépusculaires en une même famille : celle des *chalinoptères* (χαλινός, en grec, signifie *frein*). M. Blanchard, auteur de cette dénomination, a donc voulu donner à entendre que les lépidoptères compris dans la nouvelle division ont les ailes bridées par une sorte de cordon, qui les force à se replier quand l'animal ne vole pas. Le seul caractère anatomique qui sépare les nocturnes des crépusculaires réside dans la forme de leurs antennes. Ils ont, du reste, un aspect, un *facies* à peu près semblable, les mêmes formes épaisses, les ailes supérieures allongées, les inférieures courtes et arrondies. Leurs couleurs sont beaucoup moins vives que celles des diurnes. Plusieurs espèces sont à peu près incolores; mais il en est qui offrent à l'œil des teintes très agréables et des dessins d'une extrême délicatesse, bien que les nuances soient peu tranchées et que le ton général soit toujours sombre. Sous ce rapport, on observe ici la loi de coloration qui semble s'appliquer à tous les nocturnes, aux oiseaux aussi bien qu'aux papillons, et qui établit une ressemblance assez remarquable entre les uns et les autres. C'est sans doute cette ressemblance qui a fait donner à l'un des plus grands, et peut-être au plus beau papillon nocturne que l'on connaisse, le nom d'*érèbe strix* (*strix,* en latin, hibou, chouette). Ce magnifique lépidoptère a près de vingt centimètres d'envergure; ses ailes sont grises, traversées de lignes noires ondulées. Il habite la Guyane. Le genre *saturnie,* dont il fait partie, est celui qui renferme les plus grandes espèces de la section des nocturnes.

Érèbe strix (1/4 de grand. nat.).

Chacun connaît le *saturnia pavonia major,* vulgairement appelé grand paon de nuit. La saturnie atlas, ou *attacus atlas,* dont nous donnons un dessin, a jusqu'à vingt-cinq centimètres d'envergure. Ce superbe nocturne est très répandu en Chine, dans l'Inde et dans l'archipel Indien. Il vit sur le cannellier et sur l'*erythrina indica.*

J'ai déjà dit, au chapitre précédent, quelques mots des coques ou *cocons* que les chenilles d'un grand nombre de lépidoptères nocturnes se confectionnent avec une substance filamenteuse sécrétée par un appareil spécial, pour y opérer leurs

métamorphoses. Ces nocturnes forment un groupe, celui des
bombycites, le plus intéressant, je ne dirai pas de la famille
des lépidoptères, mais de toute la classe des insectes. C'est un
bombyx, — un des plus petits et des plus laids, — le *bombyx
sericaria*, qui nous fournit la plus précieuse de nos matières

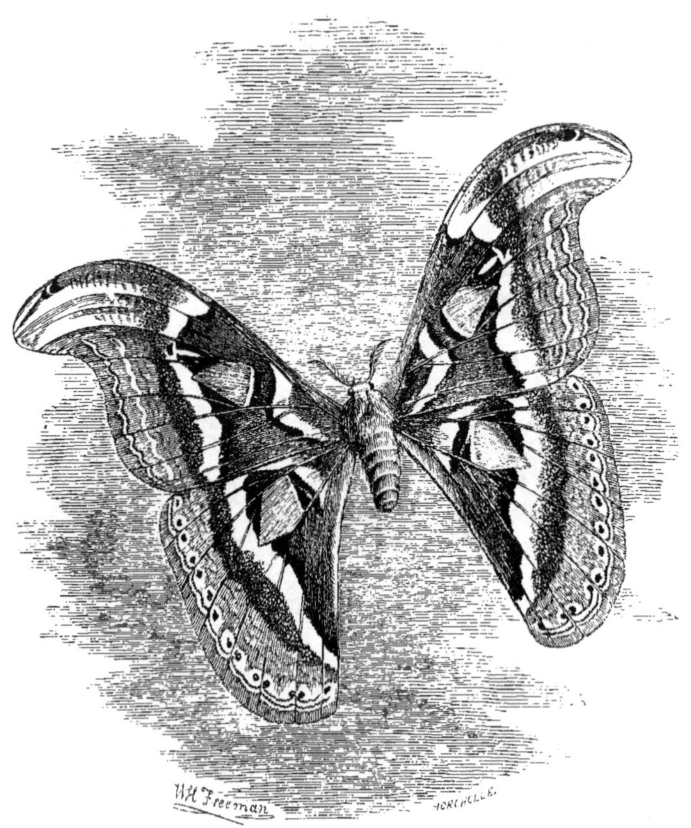

Attacus atlas ($^1/_4$ de grand. nat.).

textiles, la SOIE. Presque tous les autres produisent une matière analogue, moins belle, il est vrai, mais néanmoins appli-
cable aux mêmes usages. Quelques-uns sont déjà, en Orient,
l'objet d'une culture et d'une industrie considérables, et ont
été récemment introduits en Europe. Ces papillons constituent
donc pour l'homme une richesse immense, dont on est loin

encore d'avoir tiré tout le profit qu'elle comporte. La chenille du *bombyx sericaria* est connue de tout le monde sous le nom de *ver à soie*. C'est, en effet, un gros ver de couleur blanchâtre, et d'un aspect qui n'a rien d'agréable. L'animal qui sort de l'enveloppe de soie filée par elle avec tant de soin n'est guère plus joli. Ses petites ailes sont à peine capables de soulever son gros corps, et je ne crois pas qu'on l'ait jamais vu voler. Il ne vit, au surplus, que juste le temps nécessaire pour assurer la perpétuité de son espèce : le mâle un jour ou deux, la femelle une vingtaine de jours. Celle-ci pond environ cinq cents œufs gros comme des grains de millet et de couleur cendrée. Ces œufs peuvent se conserver longtemps, pourvu qu'on les tienne à l'abri de l'humidité et qu'on ne les réunisse pas en trop grand nombre dans le même paquet. Pour les faire éclore, on les expose pendant huit à dix jours à une température croissante de quinze à vingt-sept degrés. Alors ils blanchissent, et les larves commencent à sortir ; elles ont, à leur naissance, deux à trois millimètres de long. Elles vivent de trente-quatre à trente-cinq jours dans leur premier état, et atteignent, à la fin de cette phase, une longueur de six à sept centimètres. Dans cet intervalle, elles changent quatre fois de peau. « A l'approche de chaque mue, dit Le Maout, elles s'engourdissent et cessent de manger ; mais après la mue leur faim redouble. C'est surtout pendant les quatre derniers jours qui précèdent leur métamorphose que leur voracité est extrême ; on les entend faire en mangeant un bruit qui ressemble à celui d'une forte averse. Le dixième jour de leur quatrième âge, elles cessent de manger, et s'apprêtent à se changer en chrysalides. On les voit alors grimper sur les branches des petits fagots placés au-dessus d'elles par ceux qui les élèvent ; bientôt les vers se fixent, jettent autour d'eux une multitude de fils fins, et, suspendus au milieu de ce lacis, ils filent leur cocon, en tournant continuellement sur eux-mêmes dans tous les sens, et en roulant ainsi autour de leur corps le fil qu'ils font sortir de la filière dont leur lèvre est percée. Les divers tours de ce fil *unique* s'agglutinent entre eux, et il en résulte une enveloppe ovoïde, d'un tissu solide, tantôt jaune, tantôt blanc. La confection de ce cocon demande quatre jours ; l'état de chrysalide dure de dix-huit à vingt jours. »

Pour sortir de son cocon, le papillon dégorge une liqueur particulière qui humecte l'extrémité placée devant lui, et dissout en partie le tissu ; puis il achève de se frayer un passage par un violent coup de tête, et ne tarde pas à se dégager entièrement. Aussi les éleveurs, pour conserver les cocons in-

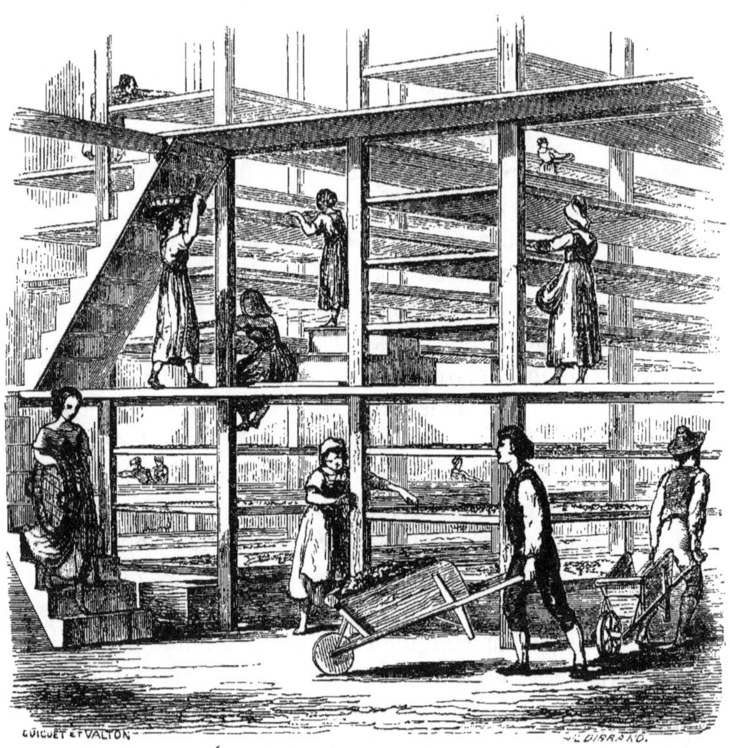

Intérieur d'une magnanerie.

tacts, sont-ils obligés de sacrifier le plus grand nombre des papillons avant que ceux-ci aient commencé leur travail de délivrance. Cette exécution se fait en introduisant les cocons dans une étuve chauffée à la vapeur. On n'en laisse aboutir que quelques-uns, destinés à la reproduction.

Le ver à soie se nourrit exclusivement des feuilles du mûrier blanc. Dans la Chine, sa patrie, et dans les contrées chaudes où il a été d'abord acclimaté, il vit en plein air sur cet arbre ;

mais en Europe, on est obligé de construire à son usage des bâtiments disposés d'une façon spéciale, où il soit à l'abri des intempéries de l'air et reçoive des soins convenables. Ces établissements sont appelés *magnaneries*, de *magnan*, nom qu'on donne, dans le midi de la France, au bombyx du mûrier. Ce sont des constructions légères, mais vastes, avec de nombreuses fenêtres garnies, soit de vitrage, soit de toile claire. Des montants plantés quatre par quatre, de distance en distance, sur deux ou quatre rangées, et s'élevant jusqu'au plafond, supportent des claies superposées à une *coudée* (environ cinquante centimètres) les unes au-dessus des autres. C'est sur ces claies, garnies d'une litière de feuilles de mûrier, que vivent les vers à soie. Des échelles ou des marchepieds roulants donnent accès aux étages supérieurs de ces habitations ; des ouvrières sont constamment occupées à renouveler la litière des chenilles, à nettoyer les claies, etc. La magnanerie doit être bien aérée, et entretenue en toute saison à une température sensiblement égale et toujours élevée.

L'éducation des vers à soie est un art difficile. L'inexpérience, le défaut de soins, souvent aussi des accidents que la science est impuissante à conjurer, peuvent tout compromettre. C'est ainsi que depuis quelques années les vers à soie d'Europe ont été décimés par une maladie dont la cause est encore mal connue, et contre laquelle tous les moyens curatifs et prophylactiques ont échoué jusqu'à présent. Le tort considérable que ce fléau a fait en France et dans toute l'Europe méridionale à l'industrie séricicole aura peut-être produit, cependant, un bon résultat. Une industrie trop favorisée par les circonstances s'endort volontiers dans sa prospérité, et demeure stationnaire. Les coups qui l'atteignent de temps à autre l'avertissent de prendre garde, lui montrent les imperfections qu'elle doit corriger, et le mal devient, de cette façon, le stimulant du progrès. La maladie des vers à soie du mûrier a appelé l'attention sur les autres espèces de la tribu des bombycites qu'il serait possible d'acclimater, et dont les cocons fourniraient à la consommation un supplément notable de matière textile. Plusieurs naturalistes ont dirigé de ce côté leurs recherches et leurs efforts. Aucun n'a mis au service de cette œuvre méritoire un zèle plus persévérant que Guérin-Méneville. Les dernières an-

nées de sa vie ont été presque exclusivement consacrées à la
recherche des moyens propres à introduire, acclimater et mul-
tiplier en France les nouveaux faiseurs de soie.

Quand je parle de nouveaux faiseurs de soie, c'est nouveaux pour nous qu'il faut entendre; car les récits des voyageurs nous ont appris, dit M. Blanchard, que, dans l'Inde et
dans la Chine, des soies provenant d'espèces autres que le
bombyx du mûrier sont employées sur une assez vaste échelle.

Saturnie cécropie (*Attacus cecropia*) (²/₃ de grand. nat.).

« L'idée de les introduire, ajoute le savant entomologiste,
n'est pas venue tout d'abord. En 1840, des cocons d'un grand
bombyx des États-Unis, l'*attacus cecropia* (*saturnie cécropie
d'autres auteurs*), ayant été envoyés au muséum d'histoire naturelle de Paris, les papillons ne tardèrent pas à éclore. On
eut des pontes, et bientôt des chenilles ou vers qu'on éleva
sans grande difficulté. L'année suivante, on avait une seconde
génération provenant de ces individus nés en France. Victor
Audouin songea au parti qu'on en pourrait tirer, mais les
choses n'allèrent pas plus loin.

« Plus tard, M. Guérin-Méneville s'occupa d'une espèce de l'Inde; et nous-même, il y a six ans, devant l'Académie des sciences, nous nous efforcions d'appeler l'attention sur divers bombyx, dont les produits semblent de nature à être utilisés... A cette époque, tout échoua devant l'indifférence.

« Depuis, un temps meilleur est arrivé... Au mois de mars dernier (1856), la Société zoologique d'acclimation recevait une soixantaine de cocons d'une espèce (*attacus polyphemus*), et plus d'une centaine d'une autre (*attacus cecropia*), contenant des chrysalides vivantes. A la fin de mai et au commencement de juin, les papillons sont éclos... »

Le nombre des espèces utilisables serait très grand, d'après Guérin-Méneville, qui, de concert avec M. E. Robert, s'est livré, dans les magnaneries expérimentales de Sainte-Tulle et de Vincennes, à une série d'essais dont quelques-uns ont donné des résultats dignes d'intérêt.

Je citerai seulement les espèces que le patient observateur a signalées comme offrant le plus de chance de réussite; mais je ferai préalablement remarquer que le peu d'accord des naturalistes, dont chacun adopte pour le même genre, pour la même espèce, une dénomination de son choix, introduit quelque confusion dans la nomenclature.

Guérin-Méneville désigne indistinctement tous les papillons à soie sous le nom générique de *bombyx*. D'autres préfèrent celui de *saturnies*, d'autres celui d'*attacus*. Je comprends peu, je l'avoue, ces dissidences sur des mots, et je m'étonne que des hommes sérieux, des savants distingués, prennent à tâche de les perpétuer. Passons.

Guérin-Méneville s'est surtout occupé de l'acclimatation des vers à soie de l'ailante (improprement appelé *vernis du Japon*), du ricin et du chêne. Il appelle le premier *bombyx cynthia*. Cette espèce, cultivée depuis des siècles en Chine, a été envoyée à Turin par le P. Fantoni, et introduite en France, en Italie, en Algérie et jusqu'en Amérique et en Australie, par M. Guérin-Méneville. La soie qu'elle fournit a été appelée *ailantine, soie du Nord, soie du peuple*. C'est une matière textile beaucoup plus belle et plus forte que le coton, et qui tient le milieu entre la soie et la laine. L'arbre qui nourrit ce bombyx pousse partout et est devenu très commun en France; l'animal lui-même n'a point les délicatesses de son congénère du mûrier : il s'élève parfaitement en plein air, sans craindre la pluie ni le vent.

Le ver à soie du ricin (*bombyx* ou *saturnia arrindia*) est originaire de l'Inde anglaise et de l'Assam. Il a été introduit en Europe par MM. Bergonzi et Baruffi. Chargé par la Société d'acclimatation de le naturaliser en France et en Algérie,

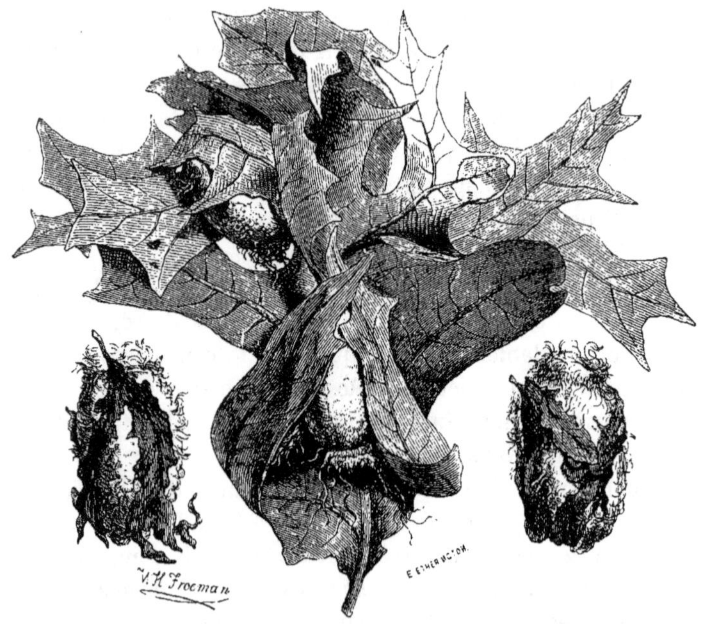

Cocons de l'attacus polyphemus (¹/₂ de grand. nat.).

M. Guérin-Méneville s'est acquitté de cette tâche avec un plein succès.

Le ver à soie du chêne de la Chine (*bombyx anthærea* ou *yamamaï*) est cultivé au Japon, et donne une soie aussi belle que celle du *bombyx mori*. Un autre de même origine, le *bombyx Pernyi*, est l'objet d'une industrie importante dans le nord de la Chine. Sa soie est plus grossière, mais d'une extrême solidité. Son introduction est due au P. Perny, missionnaire. Un troisième ver à soie du chêne est le *bombyx polyphemus* de l'Amérique du Nord, dont parle M. Blanchard. Le *bombyx cecropia* est également propre à l'Amérique septentrionale. Il

vit sur le prunier sauvage ou cultivé, et sur d'autres arbres.
Cette espèce, recommandée, comme la précédente, par
M. Blanchard, a été d'abord soumise à plusieurs expériences
qui n'ont pas réussi ; mais en 1863, M. Guérin-Méneville, en

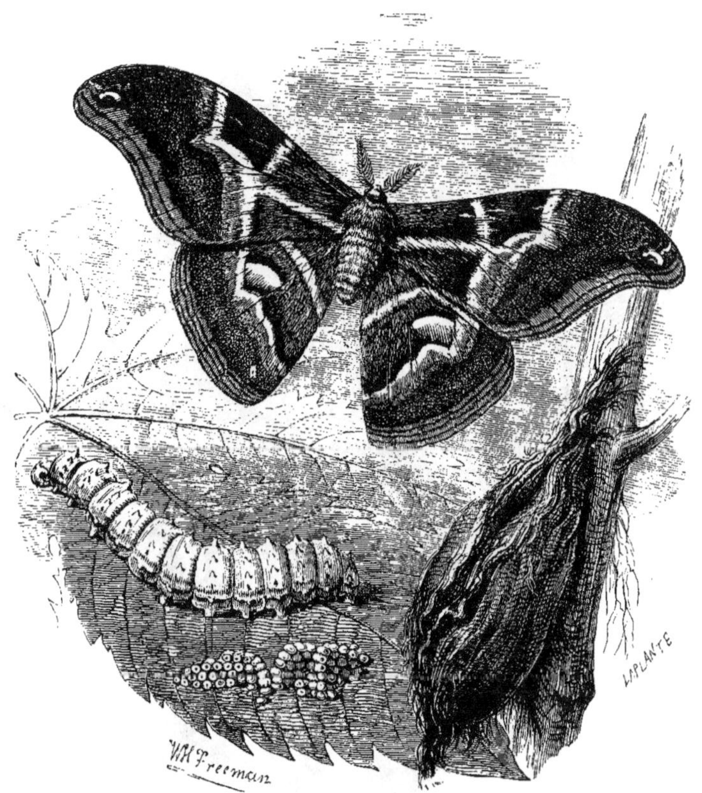

Bombyx du ricin (*bombyx arrindia*) (²/₃ de grand. nat.),
sa chenille, ses œufs et son cocon.

ayant reçu quelques échantillons par les soins de M. Lefebvre,
de New-York, a obtenu une ponte d'environ deux cents œufs.
Il en a donné la moitié à la Société d'acclimatation, et a fait
éclore le reste dans sa magnanerie de Vincennes. MM. le ma-
réchal Vaillant et Roger-Desgenettes n'ont pas été moins heureux dans les essais qu'ils ont exécutés d'autre part. L'acclimatation de ce ver peut donc être considérée comme un fait
accompli, au moins en principe.

L'*attacus*, ou *saturnie*, ou *bombyx speculum*, n'est désigné sous ce nom spécifique ni par M. Guérin-Méneville, ni par aucun des auteurs que j'ai pu consulter sur la matière. Est-ce la troisième espèce indiquée par M. Blanchard ? Il y a lieu de

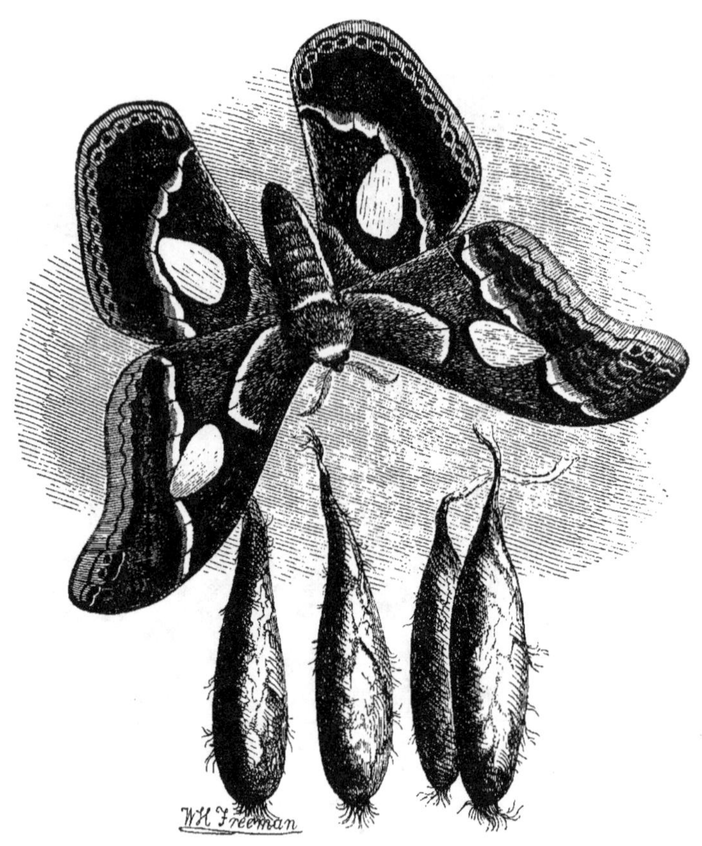

Attacus speculum et ses cocons ($^2/_3$ de grand. nat.).

le croire. A défaut de renseignements plus précis, nous donnons ici le dessin de ce papillon et de ses cocons, qui figurent dans la galerie entomologique du muséum.

Enfin n'oublions pas le *bombyx* ou *attacus mylitta*, qui fournit, dans l'Inde française et anglaise, la soie *tussah*, laquelle donne lieu, dans ces contrées, à un commerce très étendu. Cet insecte est remarquable par sa façon ingénieuse d'attacher ses

cocons aux branches des arbres sur lesquels il vit (principalement des jujubiers), au moyen d'une tige artificielle aussi dure
que du bois, embrassant par une forte boucle le rameau auquel elle pend comme un fruit. Il paraît que le *bombyx mylitta*
est polyphage, et s'accommode, au besoin, des feuilles du

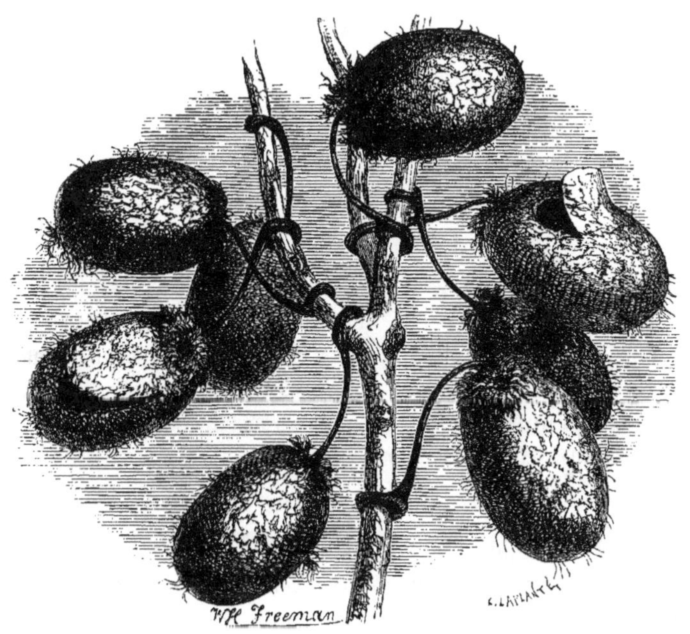

Cocons de l'attacus mylitta ($\frac{1}{2}$ de grand. nat.).

chêne. Son introduction en Europe, ou du moins en Algérie,
aurait donc des chances de succès.

On voit en résumé que si, avant la fin du siècle, nos plus
humbles ouvrières ne portent pas tous les jours des robes et
des bas de soie, ce ne sera pas la faute de l'excellent et regrettable Guérin-Méneville.

DEUXIÈME PARTIE

LES OISEAUX

CHAPITRE I

LA PLUME, L'AILE ET LE VOL

L'insecte est malaisé à définir. Rien de bien visible ne le sépare des autres animaux sans vertèbres, et l'on a même pu le confondre avec certains vertébrés. La Fontaine, parlant du serpent qu'un bûcheron a coupé avec sa cognée en deux ou trois morceaux, ne dit-il pas :

> L'*insecte* sautillant cherche à se réunir ?

Sans être tombés jamais dans une telle erreur, les naturalistes ne sont parvenus qu'avec peine à assigner à la classe des insectes sa place et ses limites précises dans la série zoologique, à distinguer nettement ces animaux des araignées, des crustacés, des annelés. Il leur a fallu, pour cela, se livrer à des études anatomiques et physiologiques très minutieuses, faire intervenir le scalpel et le microscope.

Point de difficultés semblables en ce qui concerne l'oiseau. L'homme, l'enfant le plus illettré, le plus ignorant, ne s'y trompe pas. Interrogez-le, demandez-lui ce que c'est qu'un oiseau ; sans hésiter il vous répondra : « C'est un animal qui a des plumes au lieu de poils, et un bec au lieu de bouche, deux pattes sur lesquelles il se tient droit, et deux ailes avec lesquelles il vole. Sa femelle pond des œufs et les couve pour les faire éclore. » Et cette définition, sous sa forme naïve et vulgaire, sera aussi juste, sinon aussi complète que celle que vous donnerait un naturaliste de profession.

Selon Le Maout [1], la définition de l'oiseau peut se formuler rigoureusement par trois adjectifs : *vertébré, ovipare, emplumé;* et au besoin ce dernier caractère seul suffirait pour distinguer les oiseaux de tout le reste du règne animal, parce que seul il leur est exclusivement et absolument propre : tous les oiseaux, sans aucune exception, sont couverts de plumes, et eux seuls le sont. Dans son *Jardin des Plantes,* le même auteur ajoutait à sa formule le quatrième terme : *volatile.* Il l'a ensuite retranché, sans doute parce que les oiseaux ne sont pas les seuls animaux qui volent, et que plusieurs d'entre eux ne volent pas. Mais à ce compte il fallait supprimer aussi *ovipare,* puisque ce caractère est commun à la presque totalité des animaux non mammifères. Ou plutôt il fallait compléter cette indication par une autre, qui malheureusement ne se prêtait pas au laconisme où le savant écrivain était résolu de se renfermer : il fallait dire que les oiseaux font éclore leurs œufs par incubation; ce qui est un trait bien caractéristique de leur physiologie et de leurs mœurs, bien que l'on puisse citer quelques oiseaux qui ne couvent pas et quelques reptiles qui couvent. C'est aussi probablement faute d'un adjectif que Le Maout n'a point parlé du bec, qui pourtant est aussi exclusivement propre aux oiseaux que le plumage; à moins qu'on n'allègue l'ornithorynque, être exceptionnel et paradoxal, dont l'organisation est une énigme, et que la nature semble s'être plu à composer des éléments les plus disparates.

Enfin un dernier caractère non moins essentiel, et qui manque également à la définition de Le Maout, c'est la station

---

[1] *Histoire naturelle des oiseaux.* — 1 vol. grand in-8°. Paris, 1853. — Un juste hommage est dû à la mémoire de ce savant modeste, de cet écrivain élégant, qui n'a pas eu parmi ses contemporains une place en rapport avec son mérite. Le Maout était né à Guingamp (Côtes-du-Nord) en 1800. J'ignore la date de sa mort, qui a passé à peu près inaperçue : ce doit être vers 1870. Il n'avait occupé que peu de temps une position officielle du second ordre : celle de démonstrateur à la faculté de médecine. Il ouvrit ensuite des cours particuliers de littérature et d'histoire naturelle. Le Maout joignait à un savoir très étendu et très profond un style clair, élégant, littéraire, de l'esprit, de la bonhomie, de l'érudition. Il possédait à un très haut degré les qualités du vulgarisateur. Ses deux beaux ouvrages, *Le Jardin des Plantes* et l'*Histoire naturelle des oiseaux,* peuvent être cités comme des modèles du genre, et plus d'une fois je me suis trouvé heureux de le prendre pour guide dans le cours de ce travail.

bipède. Hormis l'homme, je ne vois dans la nature aucun animal qui, sous ce rapport, ressemble aux oiseaux. Encore l'homme peut-il, à la grande rigueur, marcher « à quatre pattes » ; ce qui est absolument impossible aux oiseaux, puisqu'ils n'en ont que deux. Remarquons encore que la transformation des membres antérieurs en ailes ne souffre non plus chez ces derniers aucune exception ; on la retrouve, bien qu'à l'état rudimentaire, chez les plus disgraciés ; et si l'on ne peut appliquer aux oiseaux, d'une manière absolue, la qualité de *volatiles,* on ne peut du moins leur refuser celle d'animaux ailés. Or l'aile et la plume n'ont de raison d'être que comme conditions de la vie aérienne, qui est évidemment la destinée des oiseaux. Que cette destinée ne soit pas accomplie pour tous ; que, dans certaines espèces, les organes du vol se soient atrophiés tandis que ceux de la natation ou de la marche prenaient un développement insolite : ce sont là des faits que je n'essayerai pas d'expliquer, mais qui, en tout cas, ne sauraient infirmer la loi générale, puisque l'oiseau coursier (autruche, émou, casoar), ainsi que l'oiseau-poisson (manchon, plongeon, gorfou), conserve au moins un simulacre, une ébauche d'aile ; ne fût-ce, selon l'expression de Michelet, que « comme un souvenir de la nature ». Nul besoin donc de s'arrêter à ces exceptions. L'oiseau n'en reste pas moins par excellence l'être aérien, de même que le poisson est le type parfait de l'être aquatique. Cette vérité devient plus évidente à mesure qu'on étudie avec plus d'attention, non seulement la structure de l'aile et de la plume, mais les caractères anatomiques et physiologiques de l'oiseau, son système respiratoire, ses muscles et jusqu'à son squelette.

On sait que les oiseaux sont des animaux vertébrés, à sang chaud. Leur circulation diffère peu de celle des mammifères ; mais leur respiration est incomparablement plus active et plus étendue. C'est la fonction qui, chez eux, domine toutes les autres. Elle s'accomplit dans presque toutes les parties du corps. Les poumons, remarquables par leur volume, sont adhérents aux côtes, et les nombreux canaux qui les traversent communiquent avec des poches membraneuses appelées *sacs aériens,* qui tapissent la cavité thoracique et la masse intestinale. Ces sacs conduisent l'air aux clavicules, aux vertèbres du cou, à presque tous les os du tronc et des membres, et, qui plus est, aux plumes. Ainsi le corps de l'oiseau est une sorte de ballon qui peut se gonfler, s'imprégner d'air chaud dans toutes ses parties, et acquérir une légèreté spécifique extraordinaire. En outre, l'activité de la respiration communique à l'animal une vivacité, une énergie sans lesquelles il ne pourrait suffire à la dépense de force qu'exige le mouvement rapide et continuel de ses ailes. Enfin la combustion des principes carbonés et hydrogénés du sang par l'oxygène de l'air étant beaucoup plus considérable chez les oiseaux que chez les mammifères, leur température est aussi notablement plus élevée (quarante-quatre degrés); ce qui a le double avantage de les rendre très peu sensibles au froid intense des hautes régions de l'atmosphère, et d'échauffer davantage, donc de rendre d'autant plus léger l'air qui envahit leurs tissus.

J'ai dit que les sacs aériens conduisaient l'air dans les os. Cette *pneumaticité* des os de l'oiseau est à mon sens le trait le plus admirable de leur organisation. Les os sont criblés de cellules et de canaux dans lesquels l'air circule avec une extrême facilité; il en est même, — l'humérus, le fémur et le tibia, — qui sont creux dans toute leur longueur. Un fait non moins remarquable, c'est que toutes ces cellules, toutes ces cavités communiquent entre elles, avec les sacs aériens et avec les poumons, de telle sorte, disent MM. Chenu, des Murs et Verreaux, « qu'en poussant de l'air par un trou pratiqué artificiellement au fémur ou à l'humérus, par exemple, on peut aisément insuffler le corps entier, et que l'ouverture accidentelle d'une de ses parties suffit pour permettre à l'air chaud de s'échapper au dehors, et pour ôter à l'oiseau la faculté de voler. On peut voir aux galeries d'anatomie comparée du muséum le corps d'un cygne dont tous les sacs aériens ont été habilement insufflés par le docteur Sappey[1]. »

On connaît le proverbe « léger comme une plume ». Les plumes sont, en effet, d'une extrême légèreté. Le tuyau creux qui en est la base, et dans lequel l'air pénètre, comme dans les os, par le moyen des sacs aériens; la *tige* spongieuse garnie

[1] *Leçons élémentaires sur l'histoire naturelle des oiseaux*, in-18. — Paris, 1862-64; t. I, 4ᵉ leçon.

de *barbes* portant elles-mêmes des *barbules ;* celles-ci munies de crochets qui maintiennent l'adhérence des barbes et en forment une lame homogène, résistante et imperméable : tout cet ensemble constitue à la fois, pour l'oiseau, un vêtement singulièrement propre à le garantir du froid, et, si j'ose ainsi dire, un admirable organe aérostatique. Les plumes varient d'ailleurs de dimensions, de forme et de contexture, non seulement selon les espèces, dont chacune est pourvue d'un plumage approprié à sa taille, à sa conformation, à son genre de vie, mais encore selon les parties du corps sur lesquelles elles se développent. Le plumage de l'autruche et celui du casoar ne ressemblent point au plumage de l'aigle ou du vautour, ni le plumage de la chouette à celui du plongeon ou du pingouin. Un grand nombre d'oiseaux, mais surtout les oiseaux aquatiques, ont la gorge, la poitrine et le ventre recouverts d'une espèce de petites plumes extrêmement ténues, flexibles et moelleuses, qu'on nomme *duvet.* Le duvet est sans contredit la meilleure de toutes les fourrures. Aussi la prévoyante nature l'a-t-elle fait entrer pour une forte proportion dans le plumage des oiseaux qui vivent en toute saison dans l'eau, et particulièrement dans l'eau glacée des régions polaires ; elle a eu, de plus, la précaution de l'imprégner d'une matière grasse, qui le rend tout à fait imperméable. L'homme civilisé ne pouvait manquer de s'approprier une matière aussi précieuse. Il l'emprunte aux oies, aux canards, aux cygnes, et ne se fait point scrupule de la leur arracher lorsqu'ils sont encore vivants, parce qu'elle est alors beaucoup moins sujette à la corruption et aux atteintes des vers.

Le duvet le plus fin, le plus moelleux et le plus recherché est celui d'un genre de canards que les ornithologistes désignent sous le nom latin de *somateria,* mais qu'on connaît généralement sous celui d'*eiders.* Le duvet lui-même s'appelle *édredon* (de l'anglais *eider down,* duvet d'eider*). Le genre eider comprend deux espèces : l'eider à tête grise (*som. spectabilis*) et l'eider commun (*som. mollissima*). Elles sont toutes deux propres aux contrées boréales de l'ancien et du nouveau continent. L'eider commun est très répandu au Spitzberg, dans la Laponie, au Groënland, en Islande, à Terre-Neuve, dans le pays des Esquimaux, dans le haut Canada, etc. Le mâle de cette espèce est blanchâtre sur le corps et les ailes; sa queue et son ventre sont noirs, et il porte sur la tête une large tache également noire, qui simule assez bien une calotte. La femelle est d'un gris mélangé de brun. L'eider est de grande taille; sa grosseur est celle de l'oie. Il se plaît dans les endroits escarpés, au milieu des rochers baignés par la mer. C'est là qu'il fait son nid avec des fucus. La femelle tapisse ce nid de son duvet;

Canard eider.

lorsqu'on le lui prend, elle s'en arrache aussitôt de nouveau, pour préserver du froid ses œufs et sa progéniture.

Grâce à leur précieuse fourrure et à la supériorité que possède le *duvet vivant* sur celui qu'on arrache de leur cadavre, les eiders jouissent, en Norwège et en Islande, d'une parfaite sécurité. La loi même les protège et punit d'une forte amende tout attentat contre leur vie; mais ils sont serfs des habitants, et, à ce titre, imposables à merci. Chacun fait de son mieux pour décider ces oiseaux à venir s'établir dans l'enceinte de sa propriété; il recueille dès lors les fruits de leur travail; mais il veille avec soin à leur conservation, et favorise, autant qu'il le peut, la multiplication de ces hôtes, qui lui payent si largement son hospitalité. D'après Toil, un seul Islandais, si son habitation est bien placée, peut récolter annuellement jusqu'à cinquante kilogrammes de duvet : ce qui représente un très joli revenu. Dans l'Amérique du Nord, on est moins prévoyant, moins avare du sang des eiders, et l'on ne se fait pas faute de les chasser comme des canards vulgaires. Leur peau est exportée en Chine, où elle se vend très cher comme fourrure. On a essayé d'acclimater les eiders dans l'Europe centrale; mais ces tentatives n'ont point réussi.

Il ne faut pas confondre le duvet permanent propre à certaines espèces d'oiseaux adultes avec celui qui, chez presque tous les jeunes oiseaux, précède le plumage proprement dit, et que tout le monde a vu sur les *poussins* de nos basses-cours. « Lorsque l'oiseau vient d'éclore, disent MM. Chenu, des Murs et Verreaux, il est couvert, excepté sous le ventre, de soies fines, serrées et implantées par petits paquets de quinze à vingt sur les bulbes qui contiennent le germe de la plume.

« Lorsque la plume se développe, elle chasse devant elle les soies, qui ne tombent qu'après l'entier développement de celle-ci. Dans les oiseaux de proie et dans les oiseaux aquatiques, ces soies sont remplacées par un véritable duvet, qui recouvre entièrement le petit, fort peu de temps après l'éclosion. C'est chez ces oiseaux que ce duvet adhère le plus longtemps aux plumes; en sorte qu'après plusieurs jours l'animal ressemble à une pelote, et plus tard, après un mois, il paraît encore tout couvert de ce duvet, flottant comme un ornement à l'extrémité de chacune de ses plumes. »

Les plumes sont toujours dirigées de haut en bas, ou de la tête vers la queue. Elles jouissent d'une certaine mobilité, et sont mues par des muscles particuliers. Celles qui couvrent le corps et la tête n'ont point de nom particulier; mais les plumes des ailes et de la queue sont appelées *pennes*. Les premières reçoivent, en outre, selon la place qu'elles occupent, des désignations que j'indiquerai tout à l'heure. Mais il convient d'examiner d'abord la structure des ailes.

Les ailes sont les membres antérieurs des oiseaux. On y retrouve les mêmes parties essentielles que dans ceux des mammifères; mais l'inégal développement de ces parties et l'ensemble de leur disposition les rendent exclusivement propres à la locomotion aérienne. Ainsi le squelette de l'aile se compose, comme celui de notre bras, d'un *humérus* attaché par son extrémité supérieure à la jonction de l'omoplate et de la clavicule; d'un *cubitus* et d'un *radius*, formant ensemble l'avant-bras, et articulés avec l'extrémité inférieure de l'humérus; et enfin d'une *main*. Seulement, la main n'est qu'une sorte de moignon aplati, atrophié et presque immobile. Au contraire, le bras et l'avant-bras sont, en général, d'autant plus longs et plus forts que l'oiseau vole mieux. Les ailes sont mises en mouvement par des muscles d'un volume et d'une puissance extraordinaires, qui s'insèrent à la partie antérieure du thorax. Aussi le *sternum* des oiseaux est-il très large, et muni en son milieu d'une crête longitudinale destinée à fournir aux muscles une attache plus solide. Cette disposition a d'ailleurs pour effet d'alourdir le thorax et de placer le centre de gravité aussi bas que possible dans la partie antérieure du corps, qui est celle qui doit vaincre par sa masse la résistance de l'air.

La forme et la disposition des plumes qui garnissent les ailes ne sont pas moins heureusement appropriées à la facilité et à la rapidité du vol. Ces plumes ont été classées de la manière suivante. Celles qui sont attachées à l'humérus sont dites *pennes scapulaires*; ce sont les plus courtes. On appelle *rémiges* (d'un mot latin qui signifie *rames*) les pennes adhérentes à l'avant-bras et à la main; celles-ci sont les rémiges primaires, celles-là les rémiges secondaires. L'os qui, dans l'aile, représente le pouce, porte encore quelques plumes qu'on nomme *pennes bâtardes*. Enfin sur la base des rémiges règne une rangée de plumes appelées *tectrices*. Les ailes qui offrent ces différentes espèces de plumes sont les ailes complètes, et les oiseaux qui en sont pourvus sont appelés *alipennes*, par opposition aux oiseaux *impennes* et *rudipennes*, dont les ailes sont rudimentaires et impropres au vol. Chez les alipennes, les ailes sont obtuses ou aiguës, sub-obtuses ou sub-aiguës. Les ailes faisant l'office de rames, on comprend que l'oiseau ait besoin d'un gouvernail. Ce rôle est rempli par les pennes de la queue, qui sont, en conséquence, appelées *rectrices*.

On voit, d'après ce qui précède, que le vol est la véritable

et parfaite réalisation de la navigation aérienne, et que tout
dans les oiseaux alipennes est disposé en vue de celte fin. Rien
de plus facile maintenant que de se rendre compte du mécanisme même du vol. Le docteur Le Maout a très clairement et
très simplement exposé ce mécanisme.

« Bien que l'air soit un fluide peu dense et peu résistant,
dit-il, on conçoit sans peine que s'il est frappé rapidement par
une surface large et solide, tout en se laissant refouler par
celte surface, il lui opposera une certaine résistance, et cette
résistance sera d'autant plus forte que la surface mettra plus
de vitesse dans son mouvement. Qu'on se figure donc un oiseau
suspendu au milieu des airs, immobile et les ailes étendues ;
s'il abaisse rapidement ses ailes vers sa poitrine, l'air, frappé
par leur surface large et solide, va céder à celte impulsion ;
mais comme il ne peut se déplacer assez promptement, parce
que la vitesse des ailes surpasse la sienne, il résistera à ces
ailes et leur fournira un véritable point d'appui, au moyen
duquel le corps de l'oiseau sera poussé en sens contraire.

« Voilà la première condition du vol. Or chacun sait que si,
après ce premier effort, les ailes restent immobiles, la gravi-
tation, vaincue momentanément, va reprendre son empire, et
l'oiseau descendra vers la terre, absolument comme un animal
retombe sur le sol après avoir fait un *saut*.

« Mais si, après avoir, en les abaissant vivement, rapproché
ses ailes étalées, l'oiseau les écartait avec la même rapidité, il
est évident que l'air situé au-dessus d'elles leur opposerait la
même résistance que l'air situé au-dessous, qu'elles ont refoulé
un instant auparavant. Il en résulterait que le corps de l'animal, soulevé dans le premier temps par la résistance de l'air
inférieur, serait abaissé de la même quantité dans le second
par la résistance de l'air supérieur, et que cette oscillation rapide le ferait, en définitive, rester toujours à la même place,
en opérant un mouvement continuel de *va-et-vient :* c'est ce
que fait, par exemple, l'épervier, quand il plane et semble
immobile dans les airs avant de fondre sur sa proie.

« Que doit donc faire l'oiseau pour *se transporter* dans l'espace ? La première condition était, comme nous l'avons vu,
de refouler l'air situé sous ses ailes ; la seconde sera de faire
en sorte que, quand elles se disposeront à reprendre leur pre-

mière position, l'air supérieur leur oppose le moins de résistance possible : c'est pour cela que l'oiseau, après avoir donné son coup d'aile, la reploie pour rétrécir sa surface; puis il élève cette aile ainsi reployée, puis il l'étend et l'abaisse de nouveau, en accélérant ses battements selon le degré de rapidité qu'il veut donner à son vol [1]. »

Le Maout ne parle là que du mouvement vertical par lequel l'oiseau s'élève dans l'air. Il est évident que, pour avancer horizontalement ou dans un plan incliné, l'oiseau doit frapper l'air dans une direction plus ou moins oblique. Ses pennes rectrices, qui, de leur côté, peuvent prendre des positions très diverses, lui sont d'un grand secours dans ces évolutions, et l'animal, sans se douter le moins du monde de ce que c'est que la statistique et la mécanique, dont l'étude nous coûte tant d'efforts, sait à merveille en observer les lois pour s'élever, se mouvoir et se diriger dans les airs.

CHAPITRE II

WILSON ET AUDUBON

L'homme a, dans le règne animal, un ami, le chien; un allié, l'oiseau. Sans l'oiseau, que deviendrions-nous? Que pourraient contre les légions dévorantes de l'ennemi commun, l'insecte, nos engins, nos armes, nos ordonnances de police? Rien, rien du tout. L'insecte dévorerait nos moissons, nos fruits, nos bois, nos animaux domestiques, et nous ensuite. Sans doute, dans cette grande armée des oiseaux, qui combat pour nous continuellement, il y a des irréguliers, des *baschi-boujouks*, des maraudeurs, des pillards, même des assassins. Plusieurs mangent les grains mûrs, d'autres les blés en herbe, d'autres les fruits; quelques-uns, les rapaces-diurnes, attaquent nos volailles; les plus grands parfois, faute de gibier, enlèvent çà et là un agneau, un chevreau. Mais encore en est-il, parmi

____

[1] *Histoire naturelle des oiseaux.* Introduction.

les petits voleurs, qui ne font, en somme, que se payer modé-
rément des services qu'ils nous rendent. Le gros de l'armée,
l'immense majorité, nous sert fidèlement, sans nous rien
demander, et ne vit qu'aux dépens de l'ennemi : non seulement
de l'insecte, mais parfois aussi du reptile, du rongeur. Ceux
qui nous sont le moins sympathiques, les rapaces vivant de
chair morte, concurremment avec les hyènes, les chacals, et
avec certains insectes sarcophages dont j'ai parlé plus haut,
dévorent les cadavres, les charognes, font dans les forêts, dans
les déserts, même dans les campagnes habitées, cultivées, et
dans de vastes et populeuses cités, le service de la grande
voirie.

On trouverait, en un mot, très peu d'oiseaux qui ne nous
soient pas utiles à un titre quelconque. On en trouverait bien
moins encore qui nous soient réellement nuisibles. A ces mé-
rites, hélas! généralement méconnus et payés d'une barbare
ingratitude, s'ajoutent chez l'oiseau la beauté des formes et
celle des couleurs, réunies chez la plupart; la grâce et la vivacité des mouvements, la mélodie de la voix, et, à défaut de
facultés intellectuelles bien développées, d'admirables instincts,
des mœurs, des industries curieuses.

Ne nous étonnons donc pas si l'ornithologie a eu ses enthousiastes, ses héros : un Wilson, un Audubon. Je ne puis
résister au désir de ressusciter un instant ces deux morts trop
peu connus ou trop oubliés, exemples admirables de ce que
peut tenter et accomplir l'homme en qui brûle la noble passion
de l'étude, l'amour de la nature.

Le premier, Alexandre Wilson, « pauvre tisserand de Glas-
gow, dit Michelet, dans son logis humide et sombre, rêvait la
nature, l'infini des libres forêts, la vie ailée surtout. Son métier de cul-de-jatte, condamné à rester assis, lui donna l'amour
extatique du vol et de la lumière. S'il ne prit pas des ailes,
c'est que ce don sublime n'est encore en ce monde que le rêve
et l'espoir de l'autre...

« Il avait essayé d'abord de satisfaire son goût pour les
oiseaux en compulsant des livres de gravures qui semblent les
représenter. Lourdes et gauches caricatures qui donnent une
idée ridicule de la forme, et du mouvement, rien; or qu'est-ce
que l'oiseau, hors la grâce et le mouvement? Il n'y tint pas. Il

prit un parti décisif : ce fut de quitter tout, son métier, son pays. Nouveau Robinson Crusoé, par un naufrage volontaire, il voulait s'exiler aux solitudes d'Amérique; là, voir lui-même, observer, décrire, peindre. Il se souvint alors d'une chose : c'est qu'il ne savait ni dessiner, ni peindre, ni écrire. Voilà cet homme fort, patient, et que rien ne pouvait rebuter, qui apprend à écrire, très bien, très vite. Bon écrivain, artiste infiniment exact, main fine et sûre, il parut, sous sa mère et maîtresse la nature, moins apprendre que se souvenir.

« Armé ainsi, il se lance au désert, dans les forêts, aux savanes malsaines, ami des buffles et convive des ours, mangeant les fruits sauvages, splendidement couvert de la tente du ciel. Où il a chance de voir un oiseau rare, il reste, il campe, il est chez lui. Qui le presse, en effet? Il n'a pas de maison qui le rappelle, ni femme, ni enfant qui l'attendent. Il a une famille, c'est vrai; mais la grande famille qu'il observe et décrit. Des amis, il en a : ceux qui n'ont pas encore la défiance de l'homme, et qui viennent percher à son arbre et causer avec lui.

« Et vous avez raison, oiseaux, vous avez là un très solide ami, qui vous en fera bien d'autres, qui vous fera comprendre, ayant été oiseau lui-même de pensée et de cœur. Un jour, le voyageur, pénétrant dans vos solitudes et voyant tel de vous voler et briller au soleil, sera peut-être tenté de sa dépouille, mais se souviendra de Wilson. Pourquoi tuer l'ami de Wilson? Et, ce nom lui venant à la mémoire, il baissera son fusil[1]. »

La figure d'Audubon est encore plus fortement accentuée, plus complète. Admirable observateur, grand artiste, grand écrivain, penseur profond, âme énergique et tendre, Audubon est le type accompli d'une haute intelligence puisant ses inspirations dans un cœur généreux, et il a prouvé que la plus scrupuleuse exactitude peut et doit s'allier à la plus large poésie. Nul ne peut mieux parler de lui que lui-même. Écoutons-le.

« J'ai reçu, dit-il, la vie et la lumière dans le nouveau monde. Mes aïeux étaient Français et protestants. Avant que

---

[1] Michelet, *l'Oiseau*.

j'eusse des amis, les objets de la nature matérielle frappèrent mon attention et émurent mon cœur. Avant de connaître et de sentir les rapports de l'homme avec ses semblables, je connus et je sentis les rapports de l'homme avec les êtres inanimés. On me montrait la fleur, l'arbre, le gazon, et non seulement je m'en amusais, comme font les autres enfants, mais je m'attachais à eux. Ce n'étaient pas mes jouets, c'étaient mes camarades... Mon intimité commençait à se former avec cette nature que j'ai tant aimée, et qui m'a payé mon culte par de si vives jouissances : intimité qui ne s'est jamais interrompue ni affaiblie, et qui ne cessera que devant mon tombeau. Aucun abri ne me semblait plus sûr et plus agréable que les ombrages qui recélaient les familles ailées que j'admirais, que les rocs et les cavernes qui servaient d'asile aux mouettes et aux cormorans.

« Une joie vive et pure, une sorte de volupté paisible remplit ainsi mes jeunes années. Pendant des heures entières, mon attention charmée se fixait sur les œufs brillants et lustrés des oiseaux, sur le lit de mousse qui renfermait et protégeait leurs perles chatoyantes, sur les rameaux qui les soutenaient balancés et suspendus sur les roches nues et battues des vents des rivages atlantiques. Je veillais avec une sorte d'extase sur le développement qui suivait le moment de leur naissance... J'aimais à observer les progrès lents de quelques oiseaux vers la perfection de leur être, et à voir certaines espèces, à peine écloses, fuir à tire-d'aile, et secouer en volant les débris de leur coque transparente.

« Je grandis, et ma passion pour l'histoire naturelle grandit avec moi. Tout ce que je voyais, j'aurais voulu me l'approprier. Plus ambitieux que les conquérants, je désirais le monde, et mes vœux n'avaient point de bornes. Je me révoltais contre la mort, qui dépouillait de ses formes les plus belles et de ses plus aimables couleurs l'animal que j'étais parvenu à saisir.

« ... Je fis part de mon chagrin à mon excellent père, qui voulut m'en consoler en m'apportant un volume de planches coloriées, où je retrouvai avec bonheur les images assez exactes des oiseaux qui faisaient mes délices, et dont les tristes momies décoraient jusque-là les murs de mon petit appartement.

« Ce fut pour moi une vive et ardente joie. Je retrouvais enfin, non, il est vrai, les êtres que j'aimais et dont j'avais fait les compagnons de ma première enfance, mais du moins leur image. Je compris que le moyen de m'approprier la nature, c'était de la copier. Me voilà donc, dessinateur imberbe et inexpérimenté, copiant tout ce qui se présentait à mes yeux, mais, malheureusement, le copiant fort mal.

« Pendant plusieurs années, je fis et refis des oiseaux. Ces oiseaux ressemblaient tour à tour à des quadrupèdes ou à des poissons ; je finis par être honteux de voir mes patients efforts n'aboutir qu'à des résultats misérables ; car à peine pouvais-je reconnaître moi-même l'oiseau que je venais de dessiner. Mon pinceau, créateur de races inouïes et disproportionnées, me faisait pitié. Loin de me décourager, ce désappointement irrita ma passion. Plus mes oiseaux étaient mal peints, plus les originaux me semblaient admirables. En copiant et recopiant leurs formes, leur plumage et leurs diverses particularités, je continuais, sans le savoir, l'étude la plus minutieuse de l'ornithologie comparée. J'étudiais d'autant mieux les détails de l'organisation des oiseaux, que je cherchais avec plus de patience à les reproduire avec exactitude. Telle était la vivacité de cette passion puérile, mais qui n'a pas diminué avec l'âge, que si l'on m'eût enlevé mes esquisses, je crois que l'on m'eût donné la mort. »

Le père d'Audubon crut voir dans cette passion le signe d'une vocation décidée, non pour l'histoire naturelle, mais pour la peinture. Il l'envoya à Paris. Le jeune homme entra dans l'atelier du célèbre David. Là on lui fit copier des nez gigantesques, des bouches colossales, des têtes de chevaux d'après l'antique. Peu s'en fallut que ce travail ingrat ne le dégoûtât de l'art. Il s'empressa de revenir en Amérique, au milieu de ses forêts natales. Il s'établit en Pensylvanie, dans une belle plantation dont son père lui fit présent. Il se maria, devint père, et le bonheur qu'il trouva près de sa compagne et de ses enfants lui fit un peu oublier pendant quelque temps la passion de sa jeunesse. Puis des revers de fortune l'assaillirent ; il chercha alors et trouva des consolations infinies dans l'étude de la nature. « Mon enthousiasme me soutenait, dit-il, et vingt années d'investigations et d'observations augmentèrent encore cette flamme secrète qui m'animait. C'était vers les forêts antiques du continent américain qu'un invincible attrait me précipitait. J'entreprenais seul de longs et périlleux voyages, je battais les bois, je m'égarais dans les solitudes séculaires. Les rives de nos lacs immenses, nos vastes prairies, les plages de l'Atlantique me voyaient sans cesse errant dans leurs secrets asiles. Des années entières s'écoulèrent ainsi. »

Il ne songeait pas encore que ses travaux pussent jamais être utiles, lorsque Lucien Bonaparte, qu'il rencontra à New-York, l'engagea vivement à publier ses essais ; mais ni New-York ni Philadelphie ne lui offraient les ressources nécessaires pour une telle entreprise. Il remonta l'Hudson et s'enfonça plus que jamais dans ses chères forêts. Pourtant, la collection de ses dessins augmentant, il commença à rêver la gloire. Hélas ! un coup terrible faillit anéantir tous ses projets. Après avoir habité plusieurs années le village d'Henderson, dans le Kentucky, il partit pour Philadelphie, laissant à un parent tous ses dessins soigneusement emballés dans une caisse. Après six semaines d'absence, il revint à Henderson et demanda son trésor. On lui apporte la caisse ; il l'ouvre, mais il n'y trouve plus que des lambeaux de papier déchiré, mouillé : « lit commode et doux sur lequel reposait toute une couvée de rats de Norwège. » — « Une ardeur brûlante, dit-il encore, traversa mon cerveau comme une flèche de feu ; tous mes nerfs ébranlés frémirent : j'eus la fièvre pendant plusieurs semaines. Enfin la force physique et la force morale se réveillèrent en moi. Je repris mon fusil, ma gibecière, mes crayons, et je me replongeai dans mes forêts, comme si rien ne fût arrivé. Me voilà recommençant tous mes dessins, et charmé de voir qu'ils réussissaient mieux qu'auparavant. Il me fallut trois années pour réparer le dommage causé par les rats de Norwège. Ce furent trois années de bonheur. »

Enfin il put considérer sa tâche comme achevée. Il alla visiter sa famille, qui habitait encore la Louisiane, et, emportant avec lui tous les oiseaux du nouveau continent, il fit voile vers l'Angleterre. Il reçut dans ce pays, de la part de tous ceux qui s'intéressaient aux œuvres de l'esprit, un accueil empressé, des encouragements, et, ce qui valait mieux, un concours efficace. Il publia, aux frais de soixante-quinze souscripteurs (chaque souscription était de mille dollars, c'est-à-dire plus de cinq mille francs), sa splendide *Biographie ornithologique,* comprenant cinq volumes et un atlas de quatre cents planches d'une dimension extraordinaire, où tous les oiseaux d'Amérique, depuis le colibri jusqu'à l'aigle, sont représentés en grandeur naturelle avec leurs œufs, leur nid, l'arbre qui leur sert d'abri, les fruits ou les animaux dont ils se nourrissent, le paysage au milieu duquel ils vivent.

« La *Biographie ornithologique,* dit M. P.-A. Cap, n'est pas seulement un ouvrage d'histoire naturelle, c'est un tableau aussi varié qu'attachant des sites et des aspects du continent américain ; c'est le fruit d'observations rassemblées, pendant tout le cours de sa vie, par un ami passionné de la nature qui a apporté dans ses recherches la persévérance du savant, l'intelligence de l'artiste et le talent de l'écrivain. Audubon vous y associe à son existence nomade ; on pénètre sur ses pas dans ces vastes savanes ; on navigue avec lui sur les fleuves immenses qui divisent ces belles contrées ; on parcourt comme en réalité ces solitudes grandioses, avec leur végétation vigoureuse, primitive, leur population un peu sauvage, leurs aspects étranges et majestueux. Ce n'est pas l'œuvre d'un savant de cabinet ou d'un voyageur curieux, visitant et comparant les objets réunis dans les collections et les musées ; c'est celle d'un observateur patient, à la fois peintre habile, chasseur déterminé, et en même temps d'un poète qui a choisi la nature pour sa muse, et qui lui a voué son existence. »

Cuvier présenta l'ouvrage d'Audubon à l'Académie des sciences « comme le plus magnifique monument que l'art eût jamais élevé à la nature ».

Jean-Jacques Audubon était né à la Nouvelle-Orléans, en 1780. Il est mort le 27 janvier 1851, un an après avoir achevé, en collaboration avec le docteur Bachman, une *Histoire naturelle des mammifères,* digne pendant à sa *Biographie ornithologique.*

CHAPITRE III

LES OISEAUX PARÉS

A défaut des vastes forêts, des plaines immenses, des hautes montagnes où le voyageur contemple avec ravissement, dans leur libre activité, les habitants ailés des tropiques avec leur incomparable parure, leur vêtement de pourpre, d'or et d'émeraude, leurs panaches et leurs aigrettes, nous avons en Europe des jardins et des musées zoologiques dont le monde entier est tributaire. La collection du muséum de Paris est, je crois, une des plus riches, sinon la plus riche du monde. Je ne parle pas seulement des galeries où les pauvres oiseaux empaillés, momifiés, ont perdu en partie l'éclat de leur plumage. Ce qu'il faut visiter surtout avec attention, c'est la volière. Celle du Jardin d'acclimatation est aussi très remarquable. Les oiseaux occupent, dans cet intéressant établissement, la plus grande place. Il y a donc à Paris, pour l'amateur d'ornithologie, de quoi admirer, observer et s'instruire. Je puis aussi recommander à mes lecteurs la bibliothèque du muséum. Ils trouveront là le grand ouvrage d'Audubon, ceux de Wilson, de Lesson, de Gould, de Cuvier, et bien d'autres, où ils apprendront à connaître le monde aérien, ce monde de merveilles dont nous ne pouvons mettre ici sous leurs yeux que quelques esquisses rares et imparfaites.

On peut dire que, sous le rapport de la beauté, les oiseaux sont les élus de la création. Rien de comparable aux oiseaux des tropiques, dont le plumage semble s'être imprégné des feux éblouissants du soleil. Cette métaphore n'est point de moi. Il y a longtemps que les Péruviens, — je parle des Péruviens indigènes, — avaient nommé *cheveux du soleil* ces délicieux petits joyaux ailés, les colibris, les oiseaux-mouches, dont les plumes leur servaient à composer des tableaux, des bouquets et des ornements bien plus éclatants, bien plus beaux que l'or et les diamants qui attirèrent et fixèrent dans leur pays les envahisseurs espagnols.

Ces oiseaux, en grand nombre et montés avec beaucoup d'art, occupent, dans la galerie ornithologique du muséum, deux grandes cages de verre en forme de kiosques, qui attirent

Colibri-ermite.

d'abord les visiteurs, et que de loin on prendrait volontiers pour des vitrines de joaillerie. Je n'ai jamais vu personne s'y arrêter, les regarder de près sans pousser à chaque instant des cris d'admiration. Que serait-ce s'ils étaient vivants! Mais, très difficiles à prendre, ils sont impossibles à conserver en captivité : on leur ôte la vie en leur ôtant la liberté.

Les colibris sont, en général, plus grands que les oiseaux-mouches. Le bec est recourbé chez les premiers, droit chez les

seconds, toujours très fin et souvent très long ; il renferme
une langue extensible et fourchue, avec laquelle ces oiseaux
vont chercher jusqu'au fond du calice des grandes fleurs les
insectes dont ils font leur nourriture. L'oiseau-mouche *ensifère*

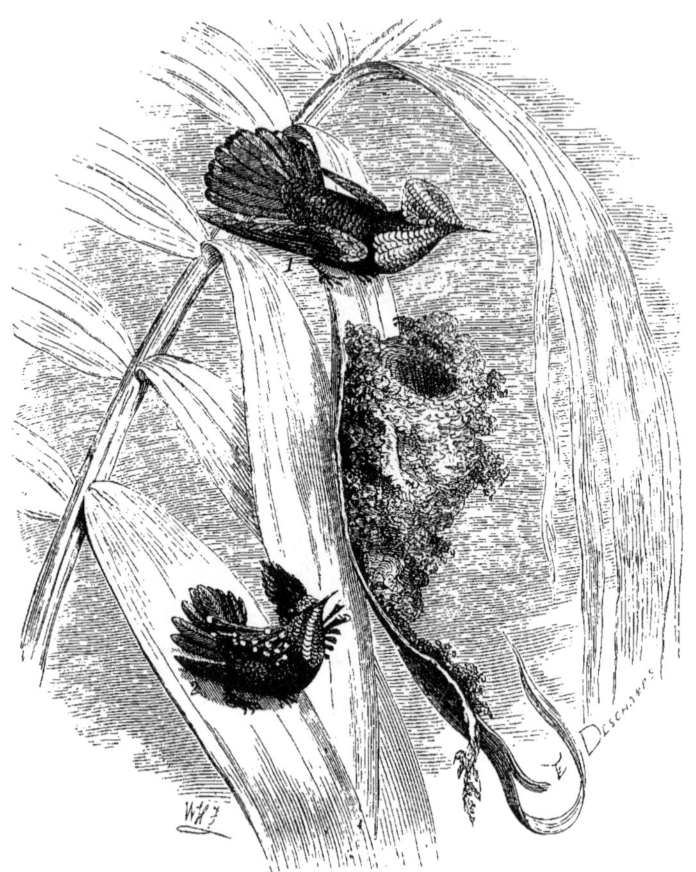

1 Rubis-topaze et son nid.   2 Huppe-col.

a le bec plus long que le corps. L'extrême ténuité des colibris
et des oiseaux-mouches, leur vol agile et rapide accompagné
d'un bourdonnement mélodieux, le tendre attachement du
mâle pour la femelle et de l'un et de l'autre pour leur commune progéniture, la beauté de leur plumage « au-dessus de
toute description », dit Audubon, enfin la guerre continuelle

qu'ils font aux insectes, doivent inspirer autant d'intérêt que d'admiration.

Plusieurs ont reçu les noms des gemmes précieuses dont ils imitent la couleur et surpassent l'éclat. L'un est appelé *rubis-topaze*, un autre *grenat*, un autre *améthyste*. L'oiseau-mouche

Oiseau-mouche sapho.

huppe-col, un des plus petits et des plus jolis, porte sur la tête une huppe allongée, couleur de rouille, et de chaque côté du cou une sorte de collerette rouge qui se détache sur sa gorge vert-émeraude. L'oiseau-mouche *sapho*, nommé vulgairement *colibri chatoyant*, et au Brésil *beja-flor*, a le dessus du corps d'un beau vert doré. Sa longue queue fourchue resplendit d'or et de pourpre, et l'extrémité de chacune des pennes qui la composent est d'un noir velouté. L'*oiseau-mouche minime*, à peine plus gros qu'un hanneton, a le plumage mélangé de brun violet, de noir, de blanc et de vert doré.

Les nids des oiseaux-mouches sont des chefs-d'œuvre de dé-

licatesse, d'élégance et de solidité. Ils sont suspendus à de
menues branches, ou même attachés à des feuilles, comme
ceux du rubis-topaze, du huppe-col, de l'oiseau-mouche minime et du colibri-ermite. Une famille d'oiseaux, le père, la
mère, les petits, logés sur une feuille d'arbre ! Tant de beauté,
d'intelligence, d'art et de sentiment, résumé dans ce cornet de
mousse et de duvet qu'un enfant écraserait en le serrant dans

Cotinga caronculé.

ses doigts ! Est-il au monde rien de plus admirable, de plus
touchant surtout ?... Audubon, le rude coureur des forêts, en
est pénétré d'attendrissement. Il s'écrie :

« Quel est celui qui, voyant cette mignonne créature (le
rubis de la Caroline, oiseau bourdonnant, *humming-bird* des
Yankees) bourdonner dans le vague des airs, soutenue par ses
ailes harmonieuses, voler de fleur en fleur avec des mouvements vifs et gracieux, et parcourir les vastes régions de l'A-
mérique, sur lesquelles on dirait qu'elle va semer des rubis et
des émeraudes, quel est celui, dis-je, qui, voyant briller cette

particule de l'arc-en-ciel, ne sentira pas son âme s'élever vers
l'auteur d'une telle merveille !...

« Que de plaisirs n'ai-je pas éprouvés à étudier les mœurs
et à suivre la vive expression d'un couple de ces créatures cé-
lestes pendant la saison des œufs ! Le mâle étale son riche poi-
trail pour en faire reluire les écailles, pirouette sur une seule
aile, et tourne autour de sa douce compagne ; puis il se jette

Céphaloptère penduligère.

sur une fleur épanouie, charge son bec de butin, et vient déposer dans le bec de son amie l'insecte et le miel qu'il a re-
cueillis pour elle... Quand la ponte approche, le mâle redouble
de soins et manifeste son dévouement par un courage supérieur à ses forces : il ne craint pas de donner la chasse à
l'*oiseau-bleu* et au *martin ;* il ose même se mesurer avec le
gobe-mouche tyran, et, tout fier de son audace, il retourne
vers sa compagne en agitant joyeusement ses ailes réson-
nantes...

« Dans le nid de cet oiseau-mouche, que de fois j'ai jeté un regard furtif sur sa progéniture nouvellement éclose ! Deux petits, gros comme des abeilles, nus, aveugles et débiles, pouvaient à peine soulever le bec pour recevoir leur nourriture. Mais combien d'alarmes douloureuses ma présence faisait éprouver au père et à la mère ! Ils rasaient d'un vol inquiet mon visage, descendaient sur le rameau le plus voisin, remontaient, volaient à droite, à gauche, et attendaient avec une anxiété manifeste le résultat de ma visite ; puis, dès qu'ils s'étaient assurés que ma curiosité était inoffensive, quels transports de joie ils faisaient éclater ! Je croyais voir, dans leur expression la plus naïve, les angoisses d'une pauvre mère qui craint de perdre son enfant atteint d'une maladie dangereuse, et le bonheur de cette mère quand le médecin vient d'annoncer que la crise est passée et que l'enfant est sauvé. »

Les dames créoles de l'Amérique du Sud, les religieuses surtout, ont appris des femmes du pays l'art de composer avec les plumes des colibris et d'autres oiseaux ces bouquets, ces objets de fantaisie dont je parlais tout à l'heure. Parmi les oiseaux dont elles recherchent le plus la dépouille, on cite le *cotinga*. Ces passereaux sont déjà beaucoup plus gros que les colibris. Quelques-uns atteignent la taille de nos pigeons. Les plus beaux sont le *cotinga rouge* de Cayenne et le *cotinga cordon-bleu*. Celui que représente notre dessin est remarquable par la caroncule ou excroissance charnue extensible, qui se dresse sur sa tête, et qui, je dois l'avouer, ne l'embellit point, à mon goût du moins ; car cette sorte de crête peut bien passer pour un ornement parmi les cotingas, comme parmi nous la barbe, puisque, comme la barbe aussi, elle est l'attribut exclusif de la virilité.

La nature a donné au *céphaloptère penduligère*, de l'Équateur, un ornement d'un autre genre : c'est un appendice volumineux, couvert de plumes semblables à celles du reste du corps, et qui tombe de la gorge devant la poitrine. L'animal a la faculté de le gonfler et de le contracter. Sur sa tête s'épanouit une large touffe de plumes qui lui fait une coiffure toute royale. Son plumage est entièrement noir, avec des reflets violacés. Cet oiseau est à peu près de la grosseur de notre coq domestique.

Cet autre a été justement appelé le *couroucou resplendissant*. C'est encore un passereau de l'Amérique méridionale. L'exemplaire qui a posé devant M. Freeman provient du Guatemala. Le naturaliste habile a su conserver à ce pauvre oiseau mort l'œil éveillé, alerte, que notre dessinateur a si heureusement

Couroucou resplendissant.

rendu. La tête est petite, arrondie, couverte d'une épaisse chevelure de plumes soyeuses ; l'œil est noir et vif ; le corps est d'un vert émeraude glacé d'or, à reflets pourprés. Les pennes de la queue s'allongent en quatre rubans qui flottent gracieusement. Les rémiges et les rectrices moyennes sont noires ; le ventre est d'un rouge vermillon. Le couroucou habite le Brésil et le Mexique. Il était révéré, dit-on, des anciens

Mexicains, et ses plumes étaient réservées pour la coiffure des filles des caciques.

Buffon avait donné le nom très joli, mais fort peu scientifique, de *paon des roses* à un échassier de la Guyane et du Pérou, que les Indiens appellent plus pompeusement *oiseau du soleil*. C'est le *caurale phalénoïde* des naturalistes actuels. Quelle est l'origine du nom générique de caurale? J'avoue humblement que je n'en sais rien. Quant à l'épithète spécifique

Caurale du Pérou.

de phalénoïde, elle signifie que le plumage de cet oiseau, nuancé et strié de brun, de fauve, de gris et de noir, rappelle les phalènes ou papillons de nuit. La taille du caurale est à peu près celle d'une perdrix. Il habite, dans l'Amérique méridionale, les rivages des fleuves et des grands lacs perdus au milieu des forêts et des savanes. Il se nourrit d'insectes et de mollusques. Ses mœurs sont encore peu connues.

Mais il est temps de quitter l'Amérique, sauf à y revenir dans un instant, pour explorer à leur tour les régions tropicales de l'Asie, les îles de l'océan Indien et de l'Océanie. Là aussi nous allons trouver des oiseaux dont la parure ne le cède point à celle des oiseaux du nouveau monde. Et d'abord la Papouasie va nous offrir la ravissante tribu des *paradiséens*. On voyait souvent autrefois, chez les plumassiers et chez les modistes de Paris, la dépouille de l'*oiseau de paradis* (*paradisier-émeraude*). Ces plumes, légères comme un nuage doré, sont passées de mode aujourd'hui, peut-être parce qu'elles sont

Paradisier-émeraude.

devenues trop rares. Le muséum de Paris possède plusieurs paradisiers empaillés ; mais je ne sais s'il en a jamais eu de vivants. Il est loin d'être aussi favorisé sous ce rapport que le *zoological garden* de Londres, où j'ai vu, en 1862, trois oiseaux de paradis fort bien portants. Le mâle adulte seul porte sur les flancs ces longs faisceaux de plumes vaporeuses dont je parlais tout à l'heure. Le plumage de son corps est marron; le dessus de la tête et du cou est jaune; la gorge est d'un beau vert d'émeraude. La femelle et le mâle jeune ont, dans cette espèce ainsi que dans la plupart des autres espèces de la même

tribu, un plumage modeste et peu fait pour attirer l'attention.
Les paradisiers-émeraudes n'ont été connus en Europe, pendant longtemps, que par les dépouilles desséchées que les
sauvages vendaient aux navigateurs, et dont ils avaient préalablement enlevé la chair, les os, les pieds et même les ailes.
Cette mutilation avait donné lieu à des fables ridicules. On
avait fait des paradisiers des êtres éthérés, dépourvus des
organes propres aux animaux terrestres, et ne vivant que d'air,

Lophorine superbe.

de vapeur et de lumière. Ces contes merveilleux se sont éva-
nouis dès que les naturalistes ont pu étudier, à la Nouvelle-
Guinée et dans les îles de Waïgiou, les paradisiers. On sait
maintenant que ce sont de fort beaux oiseaux, mais enfin des
oiseaux *naturels,* qui se nourrissent d'insectes et de fruits. Ils
se perchent la nuit sur le sommet des grands arbres, et descendent le jour se mettre, sous le feuillage, à l'abri de la chaleur. Ce que sachant, les Papous grimpent à l'arbre pendant
la nuit, s'approchent de l'oiseau tant que les branches peuvent
les porter, et attendent patiemment le lever de l'aurore, pour

décocher leurs flèches à l'émeraude avant que celui-ci soit réveillé.

Le *paradisier superbe* (*lophorine superbe* de Vieillot) ne le cède pas en beauté à l'émeraude. Son plumage est noir avec des reflets violets. Ses plumes scapulaires s'étalent en un magnifique mantelet, d'un vert foncé glacé d'or, qui recouvre ses ailes, et celles de la poitrine en une sorte de rabat pendant et fourchu de même couleur.

Astrapie sifilet.

Les genres *astrapie* et *manucode* appartiennent aussi à la tribu des paradisiers, et habitent les mêmes contrées. L'*astrapie sifilet à gorge dorée* est caractérisée par la présence, à chaque oreille, de trois plumes prolongées en minces filets, que termine un petit disque de barbes vert doré. Cet oiseau est de la grosseur d'un merle. La teinte générale de son plumage est d'un noir velouté; mais les plumes du front sont gris de perle, et celles de la gorge sont de couleur d'or avec des reflets changeants de vert et de violet. Le *manucode royal* est encore plus petit que l'astrapie : sa taille ne dépasse guère celle de notre moineau. Sa queue présente deux rectrices médianes très longues, très minces, et ornées, à leur extrémité seulement, de longues barbes d'un vert d'émeraude à reflets dorés, contournées comme des boucles de cheveux.

C'est encore à la Nouvelle-Guinée et à la Nouvelle-Galles du Sud qu'on rencontre le *ménure-lyre,* longtemps rangé parmi les gallinacés, mais annexé depuis peu aux passereaux *turdidés,* ou, pour parler un langage plus intelligible, aux *merles,*

Manucode royal.

dont il a, paraît-il, les mœurs et les allures. Le ménure-lyre est de la taille d'une poule. Son plumage est brun roussâtre. Ses formes sont élégantes. La femelle, cependant, n'a rien de bien remarquable; mais le mâle est orné d'une queue tout à fait extraordinaire. Cette queue se compose de seize pennes, dont douze écartées simplement en éventail, deux médianes garnies d'un seul côté de barbes serrées, et deux extérieures, recourbées en S comme les deux branches d'une lyre. Cet oiseau, dont la queue offre, dans les solitudes australes, l'image de l'antique lyre des Grecs, habite les forêts d'eucalyptus et de casuarina. Il devient, malheureusement, de plus en plus rare.

Nous envions, non sans quelque raison, aux climats tropi-
caux, nous autres Européens, tous ces admirables oiseaux au
plumage chatoyant, que la nature a doués de tant de grâces,
et dont elle a peint le plumage de si éblouissantes couleurs ;

Ménure - lyre.

mais nous nous plaignons à tort de la pauvreté de notre faune
ornithologique. Nous oublions les belles espèces de gallinacés,
originaires, il est vrai, de l'Orient tropical, mais parfaitement
acclimatées aujourd'hui dans toute l'Europe méridionale et
centrale. Ces espèces font partie du genre *paon* et du genre
faisan.

J'ai peu de chose à dire du *paon ordinaire,* ou *domestique.*
Tel que nous le connaissons tous, c'est sans contredit un des
plus beaux oiseaux que l'on puisse voir. Et pourtant il a déjà
perdu, sous notre ciel brumeux, quelque chose de sa beauté.
La race sauvage dont il est issu, et qui a pour patrie l'Inde

Le paon spicifère.

septentrionale, est revêtue d'une parure plus riche et plus
éclatante encore. Le *paon spicifère* habite l'île de Java. Ses
couleurs diffèrent de celles du précédent, dont il se distingue
plus particulièrement par la couronne d'*épis* qui orne sa tête,
et qui lui a valu son nom. Ces épis, au nombre de vingt, sont
des plumes longues, effilées, à tige blanchâtre, garnies de
chaque côté d'un rang de barbules libres, qui se réunissent

vers l'extrémité pour former une sorte d'auréole, du vert doré le plus brillant.

Les *éperonniers* et les *lophophores* sont des genres très voisins des paons proprement dits. Les premiers sont de petite taille. Celui des Philippines, dont nous donnons un dessin,

Éperonnier des Philippines.

est gros à peu près comme une petite poule. Le plumage de son corps est noir et bleu. Les tectrices des ailes et les rémiges présentent les mêmes nuances. Les tectrices et les pennes de la queue, épanouies en un long éventail, sont mouchetées de taches fauves sur un fond gris, et ornées de deux rangées d'ocelles simples, d'un beau vert à reflets pourprés.

Les lophophores sont originaires des montagnes du nord de

l'Hindoustan. Leur tête est surmontée d'une aigrette semblable
à celle du paon ordinaire; les couvertures de la queue ne se
prolongent pas. Leurs couleurs sont foncées, mais douées de
reflets très brillants. Le type du genre est le *lophophore resplendissant*. On peut voir plusieurs spécimens vivants de cette
belle espèce au jardin des Plantes et au jardin d'acclimatation
de Paris. Cet oiseau paraît s'accommoder parfaitement de notre
climat; il pourra devenir dans quelques années, comme le

Lophophore Impey.

paon et les faisans, un des ornements de nos parcs, en même
temps que sa chair savoureuse fournira à l'art des Vatels et
des Carêmes modernes une précieuse ressource de plus. Les
lophophores sont de la grandeur du dindon commun. Le *lophophore Impey* est très répandu à Java et à Sumatra, où les
habitants l'élèvent comme oiseau de basse-cour. Le mâle a les
ailes vertes et bleues à reflets cuivrés, le cou vert et rouge, la
croupe verte et blanche, le ventre noir, la queue jaune-brun
clair. Le plumage de la femelle est mélangé de brun et de
blanc.

Les *argus* établissent la transition entre les paons et les faisans; mais ils se rapprochent davantage de ces derniers. Leur queue n'a pas l'ampleur de celle des paons. Elle est cunéiforme; les rectrices latérales sont élargies et arrondies à

Argus géant.

leur extrémité; les deux médianes dépassent les autres d'environ trois fois la longueur du corps.

Les rémiges secondaires sont aussi très allongées chez le mâle, et dépassent les primaires d'une fois la longueur de celles-ci. C'est sur ces plumes que sont semés les ocelles qui ont fait donner à ces oiseaux le nom d'argus.

L'*argus géant* est la seule espèce connue de ce genre. Sa

longueur totale est d'un mètre quatre-vingts centimètres ; la
queue seule n'a pas moins d'un mètre vingt centimètres. Le
plumage est blanchâtre tigré de brun et moucheté de blanc,
avec les tiges des rémiges primaires bleu d'azur. Les yeux ou
ocelles rappellent la couleur du bronze florentin.

Une antique tradition raconte que, dans leur célèbre expé-
dition, les Argonautes rencontrèrent sur les bords du Phase,
dans l'Asie Mineure, de merveilleux oiseaux dont le plumage
surpassait en beauté la toison d'or, que les héros grecs allaient
conquérir. Cette légende est résumée par les deux vers que le
poète Martial met dans la bouche, — pardon ! dans le bec du
faisan lui-même :

> *Argiva primus sum transportata carina ;*
> *Ante mihi notum nil nisi Phasis erat* [1].

De là le nom de *phasianus* imposé par les Latins à l'oiseau
du Phase, et que nous avons traduit par *faisan*.

On ne connaissait en Europe, il y a peu d'années, que quatre
espèces de faisans : le *faisan commun*, recherché des gourmets
pour la saveur de sa chair, et dont il s'est formé plusieurs
variétés, telles que la blanche, la panachée, la cendrée ; le
faisan à collier, le *faisan argenté* et le *faisan doré*. Ces trois
dernières espèces sont originaires de la Chine. Elles ont été
introduites en Europe vers le milieu du siècle dernier, et elles
y sont assez répandues pour que je croie inutile de les décrire :
il n'est assurément pas un de mes lecteurs qui n'ait admiré
surtout le faisan argenté et le faisan doré. Le troisième a
passé jusqu'ici pour le plus beau, bien que, lorsqu'on examine
avec attention le second, on éprouve de l'hésitation à décerner
la palme à l'un ou à l'autre.

Et aussi bien, nos jardins zoologiques et nos volières se sont
enrichis récemment de nouvelles espèces, dont deux au moins
peuvent rivaliser, pour la richesse de leur parure, avec les plus
beaux faisans dorés et argentés. L'une de ces espèces est le *faisan
vénéré ;* l'autre est le *faisan superbe*, ou *faisan de lady Amherst*.

« Le faisan vénéré, dit M. P.-A. Pichot, dans son élégant
ouvrage sur le *Jardin d'acclimatation*, n'a été longtemps

---

[1] « Le premier, j'ai été transporté ici sur un vaisseau argien. Jusque-là je
ne connaissais d'autre pays que les rives du Phase. »

connu en Europe que par une plume de la queue, qui existait
au muséum et venait du Thibet. M. Dabry, consul de France
à Han-Keou (Chine), parvint, en 1866, à se procurer un
mâle, qui fut envoyé au jardin d'acclimatation, où il arriva le
29 avril. Ce fut le premier individu qui parvint en France. Au

Faisan d'Amherst ou faisan superbe.

mois de mai suivant, M. Paul Champion rapportait de Chine
à M. Geoffroy-Saint-Hilaire deux autres mâles de la même
espèce ; puis M. Dabry faisait de nouveaux envois, parmi
lesquels se trouvait une femelle, que l'on reçut au mois de
juillet, et qui fut suivie de deux autres au mois de mars 1867. »

D'autre part, et vers le même temps, le faisan vénéré était

introduit en Angleterre par M. Stone, et en Belgique par M. J. Vekemans. Il est aujourd'hui parfaitement acclimaté en Europe, et a cessé d'être pour nous un oiseau rare. « Aucune espèce, ajoute M. P.-A. Pichot, ne peut rivaliser avec le faisan vénéré au point de vue ornemental. Son plumage à fond jaune est gracieusement marbré de blanc, de noir et de jaune d'or; il est de la taille des plus fortes poules domestiques, et sa queue mesure plus d'un mètre vingt centimètres de longueur; la femelle est de couleur brune un peu foncée, émaillée de brun et de blanc. » Ce portrait est exact, et je conviens avec M. P.-A. Pichot que le faisan vénéré est un fort bel oiseau; mais je ne puis lui accorder qu'aucune espèce ne puisse rivaliser avec lui au point de vue ornemental. Ce qui étonne et ce qu'on admire surtout à juste titre chez le faisan vénéré, c'est la longueur extraordinaire de sa queue. Quant à ses couleurs, elles sont loin de la vivacité, de l'éclat et de l'arrangement harmonieux de celles du faisan argenté et du faisan doré. Il n'a, en outre, ni la coiffure dorée ni la splendide collerette de ce dernier. Bref, comparé à ses devanciers, il ne tient certainement que le troisième rang, et il est rejeté au quatrième depuis l'apparition de son incomparable congénère le faisan de lady Amherst. Mais avant de m'arrêter à celui-ci, je dois aller au-devant d'une question que mes lecteurs m'adresseraient très probablement, — le lecteur est curieux de sa nature, — si j'avais l'honneur de me trouver en leur présence. Cette question est celle-ci : D'où vient l'épithète de *vénéré* ajoutée au nom générique du faisan dont nous venons de parler? vénéré pourquoi? vénéré par qui? — M. P.-A. Pichot, qui semble pourtant très bien informé, ne nous donne à cet égard aucun renseignement. Quant à moi, si le faisan en question était originaire de l'Égypte, je me tirerais d'embarras en disant que sans doute les anciens Égyptiens en avaient fait un dieu; mais notre faisan est chinois; et je ne sache pas que les habitants de l'empire du Milieu soient livrés à la zoolâtrie. Cet oiseau aurait-il conquis leur respect singulier par la longueur de sa queue? qui sait? Alceste, reprochant à Célimène l'accueil qu'elle fait à un de ses rivaux, ne lui dit-il pas :

> Est-ce par l'ongle long qu'il porte au petit doigt
> Qu'il s'est acquis chez vous l'estime où l'on le voit?

Au moins conviendra-t-on que, comme titre à l'estime des gens, la grandeur et la beauté de la queue chez un oiseau n'est pas à comparer à la longueur de l'ongle du petit doigt chez un monsieur.

J'arrive au faisan de lady Amherst. — Pourquoi de *lady Amherst?* Parce que, répond M. P.-A. Pichot, le roi d'Ava donna quelques spécimens de cet oiseau à sir Archibald Campbell, qui à son tour en offrit à lady Amherst, et parce que, ajoute Brehm, cette dame amena en Angleterre le premier individu qu'on y ait vu. Mais quel était ce roi d'Ava? qu'était-ce que sir Archibald Campbell et lady Amherst? et à quelle époque l'événement s'est-il passé? Ce sont là des questions que mes recherches ne me permettent pas de résoudre. Ce que je sais, du reste, de l'histoire de ce faisan me fut conté par Pucheran, au muséum d'histoire naturelle de Paris, où je fis dessiner, en 1864, pour le montrer à mes lecteurs, l'individu empaillé qui figurait depuis peu dans notre collection. Il paraît que, hormis cet individu et un autre, également empaillé, que possédait le musée de Londres, il n'en existait point en Europe, et que certains naturalistes sceptiques n'étaient pas éloignés de considérer ces deux animaux comme des oiseaux de fantaisie, habillés de toutes pièces par quelque mystificateur, tant leur beauté paraissait invraisemblable. Cependant le faisan de lady Amherst, qu'on appelait aussi « faisan superbe », avait été décrit par Temminck, et les deux spécimens dont je viens de parler avaient été envoyés par un voyageur des plus honorables et des plus véridiques, M. Desmazures. Ils venaient du Thibet, patrie du merveilleux oiseau. Merveilleux n'est pas ici une hyperbole. M. Freeman a bien rendu, dans le dessin que nous donnons du faisan superbe, la majestueuse élégance de sa parure. Mais comment donner une idée de la richesse et de l'admirable variété de couleurs de son plumage? — La collerette ou voile qui ombrage le col est formée de plumes arrondies d'un blanc éclatant, avec une fine bordure noire à l'extrémité de chacune. La huppe qui orne le sommet de la tête est rouge; la tête elle-même et le cou sont vert foncé; le ventre est blanc; les ailes et le dos sont tigrés de noir, de feu et de jaune doré. Enfin les quatre tectrices caudales se terminent par des barbes rouge-écarlate, qui se détachent sur le gris jaspé de vert et de noir des grandes pennes rectrices, ou, si l'on aime mieux, de la queue proprement dite. Pour être tout à fait exact, je dois ajouter que le port de cette queue fièrement relevée, tel qu'on le voit chez l'individu empaillé du muséum et sur le dessin qui le reproduit, est une fantaisie de l'empailleur. L'oiseau vivant laisse traîner sa queue comme les autres faisans, — et il a tort. Mais à l'époque où fut dessiné notre bois, il n'existait en France, ni en aucun autre pays d'Europe, aucun spécimen vivant de l'espèce. C'est seulement en 1872 que le jardin zoologique d'acclimatation a pu s'en procurer quelques-uns, venant, dit M. P.-A. Pichot, des montagnes de To-lui-pin, où il est très commun, et désigné par les Chinois sous le nom de *faisan fleuri*. Voilà bien des noms pour un seul oiseau : faisan superbe, faisan de lady Amherst, faisan fleuri... Ce n'est pourtant pas tout; car on fait aujourd'hui l'ornithologie d'une méthode nouvelle, et quelques naturalistes, entre autres Brehm [1], partagent la famille des phasianidés en quatre genres distincts : les *euplocomes*, les *nycthémères*, les *faisans* et les *thaumalés;* ils placent notre faisan argenté parmi les nycthémères; le faisan vénéré est associé avec les faisans commun, versicolore et à collier, dans le seul genre qui conserve l'ancien nom; enfin le faisan doré et le faisan de lady Amherst forment à eux deux le genre *thaumalé*, où le premier est inscrit sous le nom de « thaumalé peint (*thaumalea picta*) », et le second sous le nom de « thaumalé d'Amherst (*thaumalea Amherstiæ*) ». Brehm justifie la formation de ce genre distinct par l'existence, chez les deux faisans doré et d'Amherst, de la collerette qui manque chez tous les autres phasianidés. J'avoue, quant à moi, que cette raison ne me paraît pas suffisante : d'abord parce que les mâles seuls sont pourvus de l'ornement en question; ensuite parce que la distinction des genres, sinon des espèces, repose, si l'on veut bien tenir compte des principes fondamentaux de la classification zoologique, sur des caractères d'un autre ordre que la présence ou l'absence de quelques plumes à la tête ou à la queue.

On ne peut méconnaître d'ailleurs l'évidente affinité qui existe

[1] Voir la *Vie des animaux*, édition française en quatre volumes grand in-8° illustrés, publiée par J.-B. Baillère.

entre le faisan d'Amherst et le faisan doré. Ces deux espèces, dignes d'être placées au premier rang des oiseaux pour la beauté de la parure, ont donné par le croisement une espèce ou variété mixte, dont on peut admirer les spécimens au jardin d'acclimatation du bois de Boulogne.

CHAPITRE IV

LA VOIX. — LES OISEAUX CHANTEURS

Tous les animaux à sang froid, vertébrés et invertébrés, sont muets : ils peuvent produire certains bruits ; mais ils n'ont point de *voix :* on ne saurait donner ce nom aux grincements, aux crépitements, aux bourdonnements des insectes, ni même aux sifflements des reptiles. La voix proprement dite n'appartient qu'aux animaux à sang chaud ; mais encore les mammifères sont-ils, sous ce rapport, mal partagés : ils ne peuvent que *crier*. Chaque espèce a un cri qui lui est propre, et qui, en général, est toujours le même ; quelques-unes ont deux ou trois cris différents, dont il faut qu'elles se contentent pour exprimer leurs sentiments, leurs impressions, leurs désirs, leurs craintes. C'est seulement dans la classe des oiseaux qu'on rencontre, — et en grand nombre, — des animaux pourvus, comme leur maître et seigneur l'homme, d'organes vocaux qui leur permettent d'articuler et de moduler des sons : de parler et de chanter.

Sans doute ils ne parlent ni ne chantent de la même manière que nous ; l'instrument diffère, mais il existe, et il est très complexe. Il est même, à certains égards et dans certaines espèces, plus parfait que le nôtre ; car plusieurs oiseaux parviennent aisément à imiter notre voix, à chanter, à siffler, à parler comme nous ; tandis qu'à moins d'études toutes spéciales, nous ne pouvons reproduire le chant des oiseaux ; et cette reproduction, telle que la réalisent quelques bateleurs qui en font un art spécial, est souvent imparfaite et toujours

très limitée. L'homme n'a qu'un larynx ; les oiseaux en ont
deux : un larynx supérieur, qui correspond au nôtre, et un
larynx inférieur, situé immédiatement au-dessus de la bifurca-
tion de la trachée-artère. C'est ce larynx supplémentaire qui
joue, dans la formation des sons dont se compose leur langage
ou leur chant, le rôle le plus important. La trachée-artère elle-
même est d'une longueur variable, qui n'est pas toujours proportionnée à celle du cou : il n'est pas rare qu'elle décrive des
flexuosités, toujours plus prononcées chez les mâles, et logées,
tantôt sous le *jabot,* comme chez le coq de bruyère, tantôt
dans la crête du sternum, comme chez la grue et chez le cygne
chanteur. Parfois la trachée-artère présente des renflements
qui contribuent aussi à modifier la voix. Nous en trouvons un
exemple très curieux dans le céphaloptère penduligère. Un
renflement très volumineux, qui existe au tiers environ de la
longueur du conduit aérien, donne à la voix de cet oiseau une
puissance telle, que son cri est un mugissement comparable à
celui du taureau. Mais le caractère de la voix, sa flexibilité,
ses intonations simples ou multiples, dépendent principalement de la structure du larynx inférieur, de l'absence ou de la
présence, et, dans ce dernier cas, du nombre des muscles spéciaux servant à faire mouvoir cet organe. Les perroquets ont
six de ces muscles, distribués par paires ; les oiseaux chanteurs en ont jusqu'à cinq paires. Enfin le développement
extraordinaire de l'appareil respiratoire, — ce que nous avons
appelé la *pneumaticité* des oiseaux, — leur donne sur l'homme
un avantage marqué, en ce qui concerne la durée et la conti-
nuité du chant et de ses variations. Les sacs aériens font l'office du soufflet d'une musette ; ce n'est pas seulement l'air
aspiré dans les poumons qui fait vibrer les cordes ou lèvres
vocales du larynx : c'est l'air contenu dans les sacs qui, poussé
avec plus ou moins de vitesse, donne à l'oiseau le moyen de
prolonger son chant pendant plusieurs minutes sans la moindre interruption. Cette faculté existe à un très haut degré
chez le serin. On voit, en outre, la gorge du serin se gonfler
lorsqu'il chante, ce qui tient à l'occlusion volontaire et presque
complète de son larynx supérieur. « Il ne pourrait, disent
MM. Chenu, des Murs et Verreaux, chanter ainsi en volant :
sa provision d'air ne suffirait pas pour les deux exercices.

Aussi l'alouette, qui fait entendre sa voix en planant dans les airs, est obligée de battre souvent de l'aile pour se soutenir, et de respirer aussitôt que ses sacs commencent à se vider. Son chant a des interruptions, et son corps, devenu moins léger, s'abaisse un peu pour se relever immédiatement après l'inspiration ; et cette manœuvre se renouvelle plusieurs fois de suite. »

On peut diviser les oiseaux, sous le rapport de la voix, en quatre catégories : les oiseaux silencieux, — les oiseaux criards, — les oiseaux chanteurs — et les oiseaux parleurs.

La première catégorie comprend d'abord presque toutes les femelles des oiseaux chanteurs ; ensuite un grand nombre d'oiseaux de l'ancien et du nouveau continent : les couroucous, les oiseaux-mouches, les cotingas, les guêpiers, etc. Tous ces oiseaux ne font entendre que rarement des sons faibles, des accents simples, et, si l'on peut ainsi dire, monosyllabiques.

Parmi les oiseaux criards, je citerai les rapaces, les oiseaux de rivage, les oiseaux nageurs, etc., qui ont souvent une voix très forte, mais nullement mélodieuse, et ne poussent que des cris rauques et discordants. Quelques-uns de ces oiseaux ont un cri remarquable par sa force ou par son caractère étrange. Il en est que tout le monde a entendus : le paon, dont la voix aigre et stridente « déplaît à toute la nature » ; le canard, dont le cri monotone et nasillard accompagne si bien la démarche vacillante ; la chouette, que son cri nocturne et mélancolique a fait proscrire par les paysans superstitieux comme un oiseau de mauvais augure. J'ai parlé plus haut du mugissement du céphaloptère. Les oiseaux de mer possèdent en général une voix aigre et retentissante, pour s'appeler de loin et s'entendre en dépit du bruit des vents et des flots. Le cri du vanneau est tout à fait original. On dirait que cet oiseau a dans son bec la fameuse *pratique* de Polichinelle. Rien de plus amusant que d'entendre, au jardin des Plantes, une trentaine de vanneaux se disputer, dans ce langage grotesque, les miettes de pain qu'on leur jette.

Les oiseaux chanteurs et les oiseaux parleurs méritent de notre part une attention plus particulière.

Lorsque l'on contemple dans les volières de nos jardins zoologiques, dans les galeries de nos musées, les oiseaux des tropiques, avec leurs panaches ondoyants, leur plumage de pourpre, d'or, d'azur et d'émeraude, on se dit que ce doit être un admirable spectacle de les voir voler en liberté sous les arbres gigantesques des forêts vierges et parmi les hautes herbes des prairies. Et l'on prend en dédain ces pauvres oiseaux à la parure modeste, aux nuances sombres, qui, pendant quelques mois seulement, animent nos bois et nos campagnes, et l'hiver doivent aller bien loin chercher des cieux plus cléments, s'ils ne veulent rester à grelotter sur les branches dépouillées de feuilles, glacées de givre, ou dans les creux des troncs d'arbres, des rochers et des murailles.

Tout autre, — et plus juste, — est le sentiment des Européens exilés

> Aux pays que Phébus inonde de ses feux.

Après leur premier enivrement, leur admiration peu à peu s'émousse ; leur esprit se replie sur lui-même, revient aux souvenirs de la terre natale, au jardin, au verger qui entourait la maison où s'écoula leur enfance. En présence de cette nature luxuriante qui les écrase de sa magnificence, ils regrettent celle, moins riche et moins puissante sans doute, mais plus traitable, plus compréhensible, plus humaine, des climats tempérés.

Ces oiseaux aux couleurs éblouissantes ne remplacent pas pour eux les mélodieux chanteurs dont la voix donnait autrefois la réplique à leurs pensées joyeuses ou mélancoliques, et faisait, pour ainsi dire, partie de leur vie, au même titre que les caresses de leur chien, les gentillesses de leur chat, le caquetage de leurs poules, la verdure et les fleurs de leur jardin : toutes choses dont ils jouissaient alors sans y songer, sans s'en apercevoir, mais dont l'absence fait maintenant autour d'eux un vide douloureux.

Le peuple anglais ne passe point pour un peuple très sentimental, très impressionnable aux choses de la nature. Voici cependant ce que racontait naguère un journal de Sydney. En Australie on trouve beaucoup d'oiseaux très curieux et très beaux, mais peu ou point de chanteurs ; et tandis qu'on s'occupe si activement d'amener et d'acclimater en Europe les animaux propres à ce continent, on avait pris d'abord peu de souci d'introduire là-bas d'autres animaux d'Europe que les

animaux domestiques. Ainsi personne n'avait encore songé à y
transporter aucun de nos petits oiseaux chanteurs, lorsqu'un
jour la nouvelle se répandit à Sydney et aux environs qu'un
gentleman venait de recevoir d'Angleterre une alouette. Aussitôt grand émoi parmi les habitants. Ces Anglais, si graves,
si flegmatiques, si affairés, oubliant en cette circonstance leur
réserve habituelle, se rendirent en foule, pendant plusieurs

Alouette des champs.

jours, chez le gentleman, afin de voir le charmant oiseau dont il
était l'heureux possesseur, et surtout d'entendre sa voix, doux
souvenir de la patrie absente, vrai chant national, plus cher à
leurs cœurs que le *God save the queen* et le *Rule, Britannia*.

Les alouettes sont le premier genre de la famille des *alaudi-
dés* (lat., *alauda*, alouette). Ce genre a pour type l'alouette des
champs, si répandue en France.

> Les alouettes font leur nid
> Dans les blés quand ils sont en herbe,

dit la Fontaine. En effet, elles nichent volontiers dans les sil-

lons creusés par la charrue. On ne les voit jamais dans les
arbres : elles ne perchent point ; mais d'un vol audacieux elles
s'élancent verticalement vers le ciel, et, planant au haut des
airs, elles font entendre leur chant sonore et joyeux. C'est de
cet oiseau que Linné a dit : *Alauda volatu perpendiculari in*

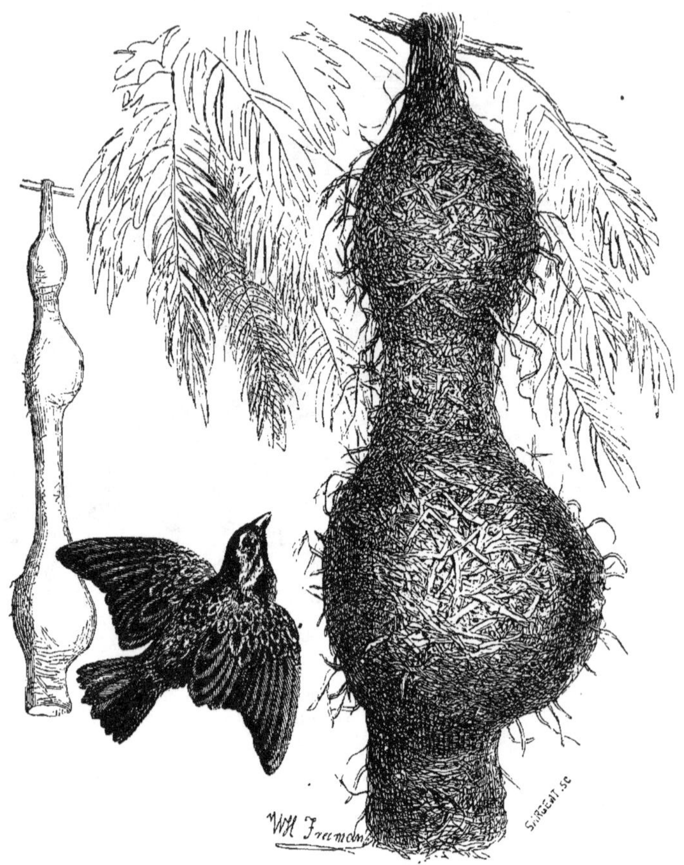

Tisserin du Bengale.

aere suspensa, cantillans in Creatoris laudem, ecce suum ti-
rile, tirile, *suum* tirile *tractat.* L'alouette était l'oiseau national de l'antique Gaule, l'emblème de la bravoure et de la gaieté
de nos aïeux. La première légion que César leva dans les
Gaules s'appelait la *légion de l'Alouette.*

Presque tous nos oiseaux chanteurs sont distribués dans les

deux grandes familles des *fringillidés* et des *turdidés*. La première comprend plusieurs espèces intéressantes. Les *tisserins* ou *tisserands*, répandus dans l'Afrique et dans l'Inde, sont remarquables par leur talent architectural. Ils construisent leur nid avec des fibres végétales entrelacées de manière à former un tissu très fort, très serré et très régulier, tel que le confectionnerait un habile ouvrier. La forme des nids diffère selon les espèces. Les *tisserins républicains* du cap de Bonne-Espérance vivent en sociétés nombreuses, et se bâtissent sur un arbre une sorte de ruche circulaire, où chaque ménage a son appartement particulier.

Les *serins* (*fringilla serinus*) sont les plus populaires de tous les oiseaux chanteurs. Ce genre est caractérisé par sa petite taille, égale, ou plus souvent inférieure à celle de notre moineau, et beaucoup plus élancée; par ses formes délicates et par ses allures vives et gracieuses; par son plumage lisse et soyeux, dont la couleur varie du vert mélangé de gris au jaune pur ou mélangé de blanc; par ses mœurs douces, par sa facilité à s'acclimater en tout pays et à se familiariser avec l'homme. Les espèces les plus répandues sont : le *cini,* ou *verdier,* qui habite l'Italie, l'Espagne, une partie de l'Allemagne et le midi de la France; et le serin des Canaries, ou simplement *canari,* plus recherché que le précédent, et que Buffon a surnommé le *musicien de chambre.* La voix du canari est moins forte, mais plus mélodieuse que celle du verdier; son plumage est d'un beau jaune, quelquefois nuancé de blanc ou de verdâtre. Mais, chose remarquable, cette couleur est un effet de la transplantation du serin dans nos climats; car dans son pays natal, c'est-à-dire aux îles Canaries, et notamment à Ténériffe, cet oiseau, d'après le témoignage d'Adanson et de plusieurs autres voyageurs, est gris verdâtre, avec des taches brunes oblongues. Il y a plus : depuis son introduction en Europe, qui date du xve siècle environ, il est devenu, en se multipliant, l'objet d'une culture suivie qui a modifié non seulement les teintes de son plumage, mais encore ses formes, sa taille et sa voix.

Je ne m'arrêterai pas au *moineau* (*fringilla domestica*), qui mériterait cependant de notre part une mention honorable: non pour son chant, — le moineau n'est pas musicien, — mais pour son intelligence et sa gentillesse, et pour le mal qu'on en a dit injustement. On l'a accusé d'effronterie, de rapine, de parasitisme, — que sais-je? Et si encore on s'était borné à le calomnier ! mais il a été proscrit souvent, et c'est seulement en son absence qu'on a appris à lui rendre meilleure justice. Aujourd'hui le moineau est réhabilité dans tous les esprits éclairés et impartiaux. Un honorable homme d'État, Bonjean, en fit jadis en plein sénat l'apologie, je pourrais dire le panégyrique. Il raconta que, la tête du moineau ayant été mise à prix en Hongrie et dans le pays de Bade, cet intelligent proscrit avait abandonné presque complètement ces deux pays ; mais que bientôt l'effrayante multiplication des insectes apprit aux habitants des campagnes de quel puissant auxiliaire ils s'étaient privés, et qu'après avoir établi des primes pour la destruction des moineaux, on fut obligé d'en établir de plus fortes pour son rapatriement. « Le grand Frédéric avait, lui aussi, dit Bonjean, déclaré la guerre aux moineaux, qui ne respectaient pas son fruit favori, la cerise. Naturellement les moineaux ne songèrent point à résister au vainqueur de l'Autriche ; ils disparurent. Au bout de deux ans, non seulement il n'y eut plus de cerises, mais encore il n'y eut presque point d'autres fruits : les chenilles les mangeaient tous ; et le grand roi, vainqueur sur tant de champs de bataille, s'estima heureux de signer la paix, au prix de quelques cerises, avec les moineaux réconciliés. »

Mais revenons à nos chanteurs. Le *pinson*, qui est un sous-genre du genre moineau, a reçu de la nature une voix forte et flexible ; son chant généralement est peu varié ; mais les intonations en sont franches, claires et pleines de gaieté. Le mâle seul chante, et au printemps seulement. On dit qu'il peut, en captivité, apprendre à imiter le chant des autres oiseaux. J'ai eu pourtant un pinson qui, ayant vécu plus de deux ans dans une même cage avec plusieurs serins, avait conservé dans toute sa pureté le chant propre à son espèce. Il est vrai que je m'étais bien gardé de lui faire subir l'horrible opération que les oiseliers recommandent comme propre à développer les facultés musicales du pinson, et qui consiste à lui crever les yeux avec un fer rouge. Mon pinson montrait un naturel farouche et intraitable. Il ne se souciait nullement de ses compagnons de captivité ; il ne prenait aucune part à leurs ébats ni à leurs querelles, et n'accordait à leurs chants aucune attention. Avec nous-même il est resté, tant que nous l'avons conservé, aussi sauvage que le premier jour. Lorsqu'on faisait seulement mine de vouloir le prendre, il se jetait désespérément contre les barreaux de sa cage, au risque de se blesser; et quand on avait

1 Pinson.   2 Moineau domestique.

réussi à le saisir, il mordait vigoureusement les doigts jusqu'à ce qu'on le lâchât. C'est un noble oiseau, qui n'est pas né pour la servitude. En aucun lieu du monde le chant du pinson n'est plus prisé qu'en Allemagne, bien qu'on n'y pratique point la coutume barbare de lui crever les yeux. « Les amateurs de ce pays, dit le docteur Le Maout, ont étudié toutes les nuances de son ramage ; aucun ton de sa voix n'a échappé à leur oreille. Le chant du pinson ayant des rapports sensibles avec les sons articulés de la parole, ils ont imaginé d'en distinguer les nombreuses variétés par les syllabes finales de la dernière strophe que prononce l'oiseau, et dans laquelle ils ont, bon gré, mal

1 Bouvreuil commun.   2 Chardonneret commun.

gré, trouvé des mots allemands. Ainsi la mélodie qui finit par *Wein Guieh*, se nomme le *chant du vin*... Ils ont aussi *la bonne année (gout-jahr)*, le *fiancé (Brâutigam)*, le *boute-selle (Reiterzong)*, etc. Mais la plus merveilleuse des mélodies est celle qu'ils nomment *le double battement du Hartz*, parce que c'est dans ce pays qu'on l'a observée pour la première fois. Les habitants du village de Rouhl font quelquefois trente lieues pour prendre à la glu un de ces chanteurs renommés, et l'on a vu un paysan donner une de ses vaches pour un pinson qui exécutait les cinq strophes du *double battement.* »

Le *chardonneret* et le *bouvreuil* sont sans contredit deux des plus jolis oiseaux de l'Europe. Ils unissent la mélodie de la voix à la beauté du plumage et des formes. Le chant naturel du bouvreuil ne se compose que de trois notes ; mais l'éducation peut l'étendre et le perfectionner beaucoup. Le chardonneret est susceptible aussi d'éducation musicale. Il s'apprivoise d'ailleurs facilement, et on le dresse à certains exercices mécaniques, comme, par exemple, de tirer de petits seaux qui contiennent son boire et son manger.

La famille des turdidés a pour type le *merle,* grand chanteur, ou plutôt siffleur, qui, comme le geai et le sansonnet, peut apprendre de véritables airs, et les répète avec une persistance souvent fatigante pour ses auditeurs. Mais à la même famille se rattachent les chanteurs incomparables, les vrais artistes, la *fauvette* et le *rossignol.*

Tous deux appartiennent à la tribu des *motacilliens,* laquelle reçoit son nom du genre *hoche-queue* (*lavandières* et *bergeronnettes*), un des plus jolis de nos campagnes, et des plus utiles aussi, car les bergeronnettes font une guerre destructive aux insectes, et particulièrement aux insectes incommodes pour l'homme et pour les bestiaux.

Le genre *fauvette* (*motacilla sylvia*) a été partagé en plusieurs sous-genres, dont chacun comprend un grand nombre d'espèces. Les fauvettes proprement dites habitent les bois, les buissons et les vergers, et vivent indifféremment d'insectes et de fruits sucrés. A la fin de l'été elles émigrent presque toutes, mais sans se réunir en troupes ni prendre de rendez-vous commun : chacune à sa guise et à son heure. Leur vol est vif, mais irrégulier, sautillant et peu élevé. Cependant elles ne descendent que rarement à terre. Le chant du mâle est très doux, très brillant et riche en modulations. La fauvette à tête noire est la plus renommée pour l'agrément de ses vocalises. Si les fauvettes mâles sont des musiciens distingués, les fauvettes femelles ont reçu de la nature un talent moins séduisant, mais plus estimable, et pour lequel elles puisent leur inspiration dans l'amour maternel. Rien de plus charmant que leur nid ; rien de plus élégant à l'extérieur, de plus chaud et de plus moelleux à l'intérieur : cela donne envie vraiment d'être petit oiseau. Le nid de la fauvette couturière (*sylvia sutoria*) est un chef-d'œuvre. « Elle en compose **le** tissu de fibres me-

1 Rossignol. 2 Bergeronnette de printemps.

nues, de plumes, de duvet, d'aigrettes de chardon, dit Le Maout ; puis elle file avec son bec et ses pattes le coton qu'elle a recueilli sur les *gossipium ;* elle pratique ensuite des trous le long du bord des feuilles à limbe solide et large ; et dans ces trous elle passe son fil de manière à coudre ensemble plusieurs feuilles, qui forment ainsi une petite tente suspendue, enve-

loppant parfaitement le nid que l'oiseau veut cacher à ses ennemis... Le colonel Sykes a vu des nids dans lesquels le fil de
coton était réellement terminé par un nœud. »

Que dire du *rossignol* qui déjà n'ait été dit cent fois, et bien
mieux que je ne pourrais faire? Les naturalistes et les poètes

Fauvette couturière et son nid.

ont célébré à l'envi ce virtuose des bois, cette « chétive créature » qui, n'ayant reçu en partage ni la grandeur, ni la force,
ni la beauté, est cependant à elle seule « l'honneur du printemps ». Guéneau de Montbelliard, le collaborateur de Buffon,
a fait ressortir, avec tout l'enthousiasme d'un *dilettante*, les
merveilleuses qualités de la voix du rossignol. « Coups de go-

sier éclatants, dit-il ; batteries vives et légères ; fusées de chant, où la netteté est égale à la volubilité ; murmure intérieur et sourd, qui n'est point appréciable à l'oreille, mais très propre à augmenter l'éclat des tons appréciables ; roulades précipitées, brillantes et rapides, articulées avec force, et même avec une dureté de bon goût ; accents plaintifs, cadencés avec mollesse ; sons filés sans art, mais enflés avec âme ; sons enchanteurs et pénétrants, qui semblent sortir du cœur et font palpiter tous les cœurs. »

Michelet proclame le rossignol un « grand artiste », et il ajoute :

« *Artiste!* j'ai dit ce mot et je ne m'en dédis pas. Ce n'est pas une analogie, une comparaison de choses qui se ressemblent : non, c'est la chose elle-même.

« Le rossignol, à mon sens, n'est pas le premier, mais le seul du peuple ailé à qui l'on doive ce nom. Pourquoi? Seul il est créateur; seul il varie, enrichit, amplifie son chant, y ajoute des chants nouveaux. Seul il est fécond et varié par lui-même; les autres le sont par l'enseignement et l'imitation. Seul il les résume, les contient presque tous; chacun d'eux, des plus brillants, donne un couplet du rossignol...

« Comment ne pas l'appeler artiste? Il en a le tempérament au degré suprême où l'homme l'a lui-même rarement. Tout ce qui y tient, qualités, défauts, en lui surabonde. Il est sauvage et craintif, défiant, mais point du tout rusé. Il ne consulte point sa sûreté et ne voyage que seul. Il est ardemment jaloux, en émulation égal au pinson. « Il se crèverait à chanter, » dit un de ses historiens. Il s'écoute. Il s'établit surtout où il y a écho, pour entendre et répondre... etc. »

Il y a sans doute dans ce portrait beaucoup d'imagination et de fantaisie; ce qui ne doit point surprendre chez Michelet, beaucoup plus artiste lui-même que le rossignol. L'admiration qu'inspire à Guéneau de Montbelliard le chant de cet oiseau me semble aussi, je l'avoue, un peu exagérée. Quant à moi, dussé-je être taxé de prosaïsme, je dois avouer que le chant du rossignol ni d'aucun autre oiseau ne m'a jamais causé de tels transports, et que la moindre mélodie, chantée par une belle voix humaine ou jouée sur un bon instrument, me charme et m'émeut infiniment plus. Mais il ne faut point disputer des

goûts. Loin de moi, d'ailleurs, la pensée de médire du rossignol. Il est artiste, assurément, autant qu'un oiseau peut l'être;
et il doit aimer passionnément son art, puisque, pour s'y
livrer, il oublie le sommeil et brave les ténèbres. Il est vrai que
cette fureur musicale ne dure qu'un temps très court : dès que
les petits sont éclos, c'est-à-dire vers la fin de mai, adieu les
nocturnes concerts : la voix du rossignol s'enroue, et ses suaves
accents font place à un cri rauque, semblable au coassement
de la grenouille.

Le rossignol est carnassier, et fait aux insectes une chasse
active : ce qui est encore pour lui un titre de plus à notre bienveillance. Enfin nous ne pouvons lui refuser notre haute estime,
car il n'est point de ceux dont nous ayons réussi à faire nos
complaisants et nos parasites. Il est tout au plus, entre les
mains de l'homme, un captif résigné. Il chante encore, mais
pour tromper son ennui, en attendant que la mort vienne le
délivrer; ce qui ne tarde guère. Son chant n'est plus dès lors
un chant de joie et d'amour, une idylle ou une romance : c'est
une plainte, une élégie. Il pleure la liberté, sans laquelle il ne
peut vivre.

CHAPITRE V

LES OISEAUX PARLEURS

Le nouveau monde, beaucoup plus pauvre que l'ancien en
oiseaux chanteurs, a cependant, lui aussi, son rossignol : je
veux dire son musicien, son artiste; et, s'il faut croire aux
récits des voyageurs, un artiste bien supérieur encore à celui
que Michelet et d'autres écrivains d'Europe ont déclaré incomparable, unique. Cet artiste, ce prodige, c'est le *merle polyglotte* ou *moqueur :* un oiseau de la taille du merle d'Europe,
au plumage gris brunâtre mêlé de blanc, sans autre ornement
que quelques mouchetures brunes : plumage des plus ordi-
naires, comme on voit. Les noms de *polyglotte* et de *moqueur*
qu'on lui a donnés indiquent sa singulière aptitude à imiter

très exactement la voix des autres animaux, comme pour s'en moquer. Son cri ordinaire est assez triste; mais au temps de la ponte, le chant du mâle devient admirable. « L'Européen qui entend cette voix vigoureuse et passionnée à travers le feuillage du magnolia de la Louisiane, dit Audubon, la compare avec l'hymne nocturne du rossignol, et ressent un secret mépris pour ce qu'il admirait autrefois. Levez les yeux : sur une branche de magnolia la femelle repose. Le mâle, aussi léger

Oiseau moqueur ou merle polyglotte.

que le papillon, décrit autour d'elle des cercles rapides, monte, descend, remonte encore, et, toutes les fois que son vol s'élance vers le ciel, recommence son chant de joie, le plus brillant de tous les chants. Il ne débute pas, comme le rossignol, par de longs et mélancoliques soupirs : il attaque franchement son thème musical, qu'il module ensuite, qu'il gradue, qu'il varie avec un art incroyable, ayant soin de faire entrer dans la composition de son œuvre les plus doux bruits de la nature : le murmure des feuilles, le roulement lointain de la cataracte, le gazouillement du ruisseau voisin. Ce chant accompagne son vol; mais ce n'est qu'un prélude encore. Lorsqu'il vient se poser sur le rameau qui soutient sa compagne, ses notes deviennent moins brillantes, plus moelleuses, plus exquises. Puis il repart, s'abaisse, remonte, parcourt de l'œil tous les environs, pour s'assurer que nul ennemi ne menace son repos...; il revient se percher près de sa compagne, et, pour finale de ce grand concerto, lui donne la traduction la plus exacte de toutes les mélodies, de tous les cris, de tous les sifflements, de tous les accents qui appartiennent aux autres oiseaux, et même aux quadrupèdes... Enfin une note particulière de la femelle se fait entendre. C'est un son triste, étouffé, qui impose silence au moqueur; aussitôt celui-ci cesse son chant, et le couple s'occupe à chercher un lieu favorable pour l'établissement de son nid. Ce nid est toujours placé à proximité de quelque maison habitée. Le polyglotte sait que son ramage amuse l'homme, et il n'est nullement sauvage... Les planteurs respectent ces aimables voisins, et défendent à leurs enfants de les inquiéter. Leurs ennemis les plus dangereux sont les chats et les serpents. Quant aux oiseaux de proie, il en est peu qui attaquent lo moqueur; car il se défend toujours avec énergie, et va même au-devant de l'agresseur. Le seul qui le surprenne quelquefois est le faucon de Stanley. Ce faucon vole bas et enlève le moqueur sans s'arrêter; mais s'il manque son coup, le passereau devient l'assaillant à son tour : il poursuit le brigand en appelant à lui ses pareils, et quoiqu'il ne puisse atteindre le faucon, l'alarme donnée, mettant tout le monde sur ses gardes, déconcerte le maraudeur. »

Le merle polyglotte s'apprivoise très facilement, s'attache à son maître et le suit comme un chien. Quelquefois il sort, s'en va chanter dans les bois; mais il revient toujours au logis. Il conserve en domesticité son talent musical, mais ne le développe point. Il n'oublie ni n'apprend rien : inférieur en cela à ses congénères de l'ancien monde, inférieur aussi à ses compatriotes les perroquets, dont il se rapproche par ses facultés mimiques. Soit que son instinct ne l'y porte pas, ou que ses organes vocaux, si parfaits d'ailleurs, s'y refusent, le polyglotte, qui imite tant de sons, tant de bruits, tant de langages, n'imite point le langage humain.

Quelques-uns de nos oiseaux d'Europe possèdent, dans une

certaine mesure, ce don singulier : le *geai*, le *sansonnet*, la
pie, le *corbeau* sont dans ce cas ; mais les deux premiers réussissent surtout dans l'art de siffler des airs. Les deux derniers,
fort peu musiciens, parviennent assez aisément à articuler des
mots, et peuvent être cités parmi les oiseaux les plus intelli-
gents et les plus suceptibles d'éducation. « Quoique, dans l'état
sauvage, la pie soit extrêmement défiante, dit Bechstein, c'est
cependant l'oiseau le plus facile à apprivoiser que nous ayons :

1 Pie.   2 Corbeau.

elle se laisse toucher et prendre dans les mains; ce que les
autres, même les plus dociles, ne souffrent pas. Élevée du nid,
la pie apprend à parler mieux encore que le corbeau, et se
familiarise autant et plus que le pigeon. La viande crue, le
pain et tous les débris de table deviennent tellement de son
goût, qu'elle ne désire aucune autre nourriture, ce qui la ramène constamment au logis... Je reçus dernièrement d'un de
mes amis une lettre dans laquelle il s'exprime ainsi : « J'ai élevé
une pie qui, comme un chat, vient se frotter autour de moi
jusqu'à ce qu'enfin je la caresse. Elle a appris d'elle-même à

voler à la campagne et à revenir ; elle me suit partout, à plus d'une lieue de distance, en sorte que j'ai beaucoup de peine à m'en défaire ; et lorsque je ne veux pas d'elle dans mes promenades ou dans mes visites, je suis obligé de l'enfermer... Elle vole de temps en temps assez loin avec les autres pies sauvages, sans cependant jamais se lier avec elles. »

Le corbeau serait d'une société agréable, si ses goûts carnassiers et sa voracité ne le faisaient un peu trop ressembler aux rapaces, et si l'odeur forte qu'il exhale ne rappelait celle de son aliment favori, la charogne. C'est du reste un gai compagnon, très familier, très amusant par ses allures, et profitant bien des leçons qu'on lui donne. Ceux qui veulent diriger son instruction vers l'éloquence ont coutume de lui couper le frein lingual. Lorsque sa langue a été ainsi déliée, il peut s'en servir avec succès, comme le prouve l'anecdote suivante, racontée par je ne sais quel chroniqueur latin, et reproduite par Le Maout, à qui je l'emprunte. A Rome, après la bataille d'Actium, plusieurs corbeaux furent présentés à Octave triomphant, en lui adressant ce compliment : *Ave, Cæsar, victor, imperator.* Octave les acheta très cher. Un pauvre cordonnier, alléché par la récompense, entreprit de dresser un corbeau de la même manière ; et comme son élève se montrait un peu récalcitrant, il répétait souvent avec tristesse : « J'ai perdu mon temps et ma dépense ! » Enfin pourtant l'oiseau parvint à répéter passablement la phrase adulatrice, et son maître alla se poster avec lui sur le passage du dictateur. Le corbeau fit son compliment ; mais Octave-Auguste, qui était rassasié de ce genre de flatterie, refusa d'abord de l'acheter. Alors le corbeau de s'écrier piteusement : *J'ai perdu mon temps et ma dépense !* Auguste fut si émerveillé de tant d'à-propos, qu'il s'empressa d'acquérir le corbeau, et le paya beaucoup plus cher que les autres.

Prononcer une si longue phrase était, de la part d'un corbeau, un véritable tour de force. Ce n'eût été qu'un jeu pour un perroquet. L'imitation de notre langage est, chez les perroquets, un instinct, un besoin inné, comme chez les singes l'imitation de nos gestes et de nos actes. Aussi a-t-on dit, non sans raison, que les perroquets sont parmi les oiseaux ce que les singes sont parmi les mammifères.

La structure compliquée du larynx inférieur et celle de la

langue et des narines se prêtent admirablement, chez ces oiseaux, à l'articulation des sons les plus variés. Cette aptitude, toute spéciale n'est cependant pas, comme le pensait Buffon, une faculté qui rapproche les perroquets des animaux supérieurs ; leur intelligence ne les place point au-dessus des autres oiseaux. Ils s'apprivoisent et deviennent aisément familiers avec les personnes qui les ont élevés, mais ils se montrent, en général, très défiants vis-à-vis des étrangers, et il n'est pas prudent de chercher à les prendre ou de les approcher de trop près lorsqu'on n'a pas l'honneur d'être de leur intimité. Leur bec énorme et puissant fait de cruelles morsures, et si l'on y laisse prendre un doigt, on risque fort de ne pas l'en retirer entier. Les perroquets ont des mines, des mouvements de tête, une manière de se servir de leurs pattes en guise de main, qui, joints à leur verbiage, donnent aisément le change aux personnes peu instruites sur la portée de leur entendement. Il arrive souvent que ceux dont le répertoire est étendu et varié paraissent répondre pertinemment aux questions qu'on leur adresse, et lancent des reparties qui se trouvent être « en situation », comme disent les auteurs dramatiques. Ce sont là de purs hasards, et quand l'oiseau fait ainsi de l'esprit, c'est sans le savoir. Il faut avouer néanmoins que les coïncidences donnent lieu parfois à des aventures curieuses, et ordinairement très comiques.

On connaît celle de ce paysan qui, venant un jour chez son seigneur pour payer ses fermages, entre dans le vestibule du château, où se trouvait, perché sur son bâton, un superbe perroquet récemment rapporté de Paris par la châtelaine. Notre homme n'avait jamais vu d'animal semblable, et ne soupçonnait même pas qu'il en pût exister. Il s'approche du perroquet, tourne autour et l'examine en poussant des exclamations admiratives. « Veux-tu t'en aller, manant ! dit tout à coup le perroquet. — Ah ! pardon, mon beau monsieur, répond le paysan confus en ôtant son bonnet ; je vous avions pris pour un oiseau ! »

L'ornithologiste Willoughby parle d'un perroquet qui, lorsqu'on lui disait : « Ris, Poll, ris, » éclatait de rire aussitôt, puis ajoutait un instant après : « Quelle impertinence, m'ordonner de rire ! » Un autre, appartenant à un marchand de cristaux, ne manquait jamais de s'écrier, lorsqu'un commis heurtait ou brisait quelque vase dans le magasin : « Le maladroit ! il n'en fait jamais d'autres ! »

Buffon dit avoir vu un perroquet qui, ayant vieilli avec un maître valétudinaire, qu'il entendait sans cesse se plaindre, répondait à toutes les questions par cette phrase : *Je suis ma-*

1   Ara Congo.   2   Kakatoès à crête.   3   Perroquet de Guilding.

lade, bien malade, dite d'une voix plaintive et accompagnée d'une pose languissante. Enfin Levaillant a vu au Cap une perruche que les Boërs avaient dressée à répéter le *Pater* entier, en langue hollandaise, en se tenant couchée sur le dos et les pattes jointes.

La famille des perroquets, ou, pour la désigner sous son nom scientifique, des *psittacidés*, est répandue sur toute la zone intertropicale, principalement dans les contrées les plus chaudes de l'Amérique et dans les îles de l'océan Indien et des mers du Sud. Le plumage des psittacidés offre des couleurs très tranchées et très belles ; mais il est toujours mat, et n'a pas ces reflets métalliques, ces chatoiements lumineux qu'on admire chez la plupart des oiseaux propres aux mêmes régions. Les couleurs dominantes des psittacidés sont le vert, le jaune, le gris-perle, le rouge et le bleu. Ces oiseaux sont essentiellement grimpeurs. Leurs doigts sont opposés deux à deux et très propres à la préhension. Ils ne marchent bien que de côté, le long des branches sur lesquelles ils se perchent. Pour monter aux arbres, pour en descendre ou pour passer d'un rameau à un autre, ils se servent surtout de leur bec, qui est pour eux un précieux organe de locomotion. Ils saisissent d'abord entre leurs mandibules la branche qu'ils veulent escalader, ou bien ils s'accrochent avec la mandibule supérieure aux aspérités du tronc ; puis ils se soulèvent, ils se hissent en contractant les muscles du cou, et amènent ensuite les pieds l'un après l'autre. Ils accomplissent cet exercice sans se presser, avec autant de prudence que d'adresse. A terre ils se font aussi de leur bec une troisième jambe ; leur démarche est lente et embarrassée. Leur vol est assez rapide, mais peu soutenu ; ils n'ont jamais, du reste, à fournir de longues traites, car ils habitent les forêts, où il leur suffit de pouvoir voler d'un arbre à un autre. Les psittacidés sont frugivores ; ils recherchent surtout les fruits à noyau. En captivité, ils deviennent omnivores, et, qui plus est, très friands. Ils aiment le sucre, la pâtisserie ; on leur fait même boire du vin, ce qui les rend plus gais et plus bavards.

Les perroquets vivent très longtemps. On en cite un qui fut apporté à la grande-duchesse de Florence en 1633, et qui ne mourut qu'en 1743. Vieillot vit près de Bordeaux un perroquet octogénaire. Buffon en posséda un qui vécut quarante-trois ans. Les perruches, en captivité, ne vivent guère plus de trente ans.

La famille des psittacidés est très nombreuse ; on l'a divisée en trois tribus : la première, celle des psittaciens, se subdivise en une vingtaine de genres, parmi lesquels je citerai seulement les *aras*, les *perroquets* proprement dits, les *kakatoès*, les *perruches* et les *micropsittes*.

Les aras sont les plus grands de tous les perroquets. Leur bec est très robuste, et leur queue plus longue que le corps. Leur plumage est peint des plus vives couleurs. Ils habitent l'Amérique méridionale. Les navires qui font le commerce au Brésil, au Chili, au Pérou, à l'Équateur, rapportent souvent de ces oiseaux, qui sont recherchés de beaucoup d'amateurs. Les espèces les plus connues en Europe sont l'*ara Macao* ou *ara bleu*, et l'*ara Congo* ou *ara rouge*. L'*ara militaire* (*ara vert* de Buffon) est de plus petite taille que les précédents, mais il apprend mieux à parler; il est aussi plus rare. « Les aras, dit l'ornithologiste Mauduyt, s'apprivoisent aisément, et sont même susceptibles de reconnaissance et d'attachement. Ils n'apprennent guère à parler, et ne répètent jamais que quelques mots, qu'ils articulent mal. Le cri trop fort, déchirant, qu'ils font entendre fort souvent, porte à les éloigner, malgré leur beauté et leur aptitude à la domesticité : ils ne sont bien placés que dans les lieux vastes, à l'entrée des vestibules et des jardins.

Les perroquets proprement dits sont plus petits que les aras ; leur bec est moins gros ; leurs couleurs sont moins éclatantes, quoique fort belles; leur queue est courte et presque carrée. Ce sont, de tous les psittacidés, ceux qui ont le plus de dispositions pour l'art de la parole. Le *perroquet gris*, ou *jaco* d'Afrique, est bien connu de tout le monde. Il est le héros de la plupart des histoires plaisantes qu'on raconte sur les perroquets. Le perroquet *Amazone*, de la Guyane, est aussi très recherché, tant à cause de son éducabilité que pour son beau plumage vert avec des parties jaunes, rouges et bleues, et que les Indiens trouvent encore moyen de varier par un procédé très singulier, mais qui n'est pas bien connu. Ce procédé consiste, non à teindre les plumes, mais à les arracher et à frotter la place dénudée avec une substance, — le sang d'une grenouille, dit-on, — qui fait qu'ensuite les plumes repoussent rouges ou jaunes. Les perroquets ainsi modifiés sont connus dans le commerce de l'oisellerie sous le nom de perroquets *tapirés*. Ils se vendent à des prix très élevés.

Les kakatoès ont la queue courte, large et carrée, la tête surmontée d'une huppe qui se dresse ou s'abat à la volonté de l'oiseau. Leur plumage est très fourni, très moelleux, d'un beau blanc mat qui tire tantôt sur le jaune, tantôt sur le rose.

Ces perroquets apprennent difficilement à parler, mais ils s'apprivoisent à merveille et se montrent très dociles et très affectueux pour leurs maîtres. Ils sont répandus dans les Indes et en Australie. C'est dans les forêts situées au bord des marécages qu'ils gîtent de préférence; mais ils en sortent par bandes quelquefois très nombreuses pour s'abattre sur les rizières, où ils font de grands dégâts. « Ces oiseaux, dit Buffon, semblent être devenus domestiques en quelques endroits des Indes, car

Perruche de la Caroline   2 Perruche de la Nouvelle-Hollande.
3 Mélopsitte ondulé.

ils font leurs nids sur les toits des maisons; et cette facilité d'éducation vient du degré de leur intelligence, qui paraît supérieure à celle des autres perroquets. Ils écoutent, entendent et obéissent mieux; mais c'est vainement qu'ils font les mêmes efforts pour répéter ce qu'on leur dit. Ils semblent vouloir y suppléer par d'autres expressions de sentiment et par des caresses affectueuses. Ils ont dans tous leurs mouvements une douceur, une grâce qui ajoute à leur beauté. »

Les perruches sont plus petites que les perroquets; elles ont

11

des formes plus délicates, et le bec d'une grosseur moins dis-
proportionnée. Leur queue est étagée, et au moins aussi longue
que le corps. Leur naturel est doux et sociable. Elles s'apprivoisent facilement, et l'on en connaît quelques espèces qui
peuvent parler aussi bien que les perroquets proprement dits.
La perruche verte de la Caroline, qui habite aussi la Guyane,
est la plus commune et la moins chère sur les marchés d'Europe. Elle a le défaut de crier beaucoup, de ne parler guère et
de mordre quelquefois; on la recherche néanmoins pour la
beauté de son plumage, l'élégance de ses formes et la gentillesse
de ses manières. On importe en Europe, depuis quelques années,
un assez grand nombre de perruches de l'Australie. Les plus
remarquables sont la *perruche huppée de la Nouvelle-Hollande,*
et le *mélopsitte ondulé.*

La première a la tête jaune, avec une tache rouge près de
l'oreille, la poitrine verdâtre et le reste du corps bleu clair.

Les mélopsites ondulés, plus connus sous le nom de *perruches
ondulées,* sont devenus assez communs en France. Ils s'accoutument à la captivité au point de nicher, de pondre et de couver
en cage, pourvu qu'on leur fournisse une bûche creuse où ils
puissent s'installer. Ces perruches sont d'un beau vert d'émeraude, avec la tête, le dos et les ailes marqués de stries noires
ondulées, sur un fond jaune clair, et des taches bleu foncé sur
la gorge, qui est jaune. La queue est formée de longues pennes
d'un bleu qui devient presque noir à l'extrémité. La taille des
perruches est à peu près celle de l'alouette, mais avec des
formes plus allongées. Elles ne parlent pas; elles ont une sorte
de gazouillement, de langage à elles, qui est très doux, et elles
apprennent assez bien à répéter les accents des oiseaux qui les
entourent. De là leur nom de *mélopsittes,* qui signifie *perroquets chanteurs.*

Les *micropsittes,* ou *psittacules,* sont les plus petits de tous
les perroquets. Leur taille ne dépasse guère celle de l'oiseau-
mouche. On n'en connaît qu'une seule espèce : le *psittacule
pygmée de la Nouvelle-Hollande.* Le plumage de cette espèce est
entièrement vert. On ne sait rien de ses mœurs ni de ses apti-
tudes. Le muséum en possède deux exemplaires, les seuls
peut-être qu'on ait jamais vus en France : un mâle et une
femelle tués du même coup de fusil par un des naturalistes

(Lesson, Quoy et Gaymard) qui firent le tour du monde, en
1826 et 1827, à bord de l'*Astrolabe,* sous les ordres de l'illustre
Dumont-d'Urville.

CHAPITRE VI

TRAVAIL ET LIBERTÉ — LES OISEAUX VOYAGEURS

Le vers de Racine tant de fois cité,

> Aux petits des oiseaux Dieu donne la pâture,

n'est nullement l'expression de la vérité ; ou tout au moins est-
il sujet à une interprétation très fausse. Il semble signifier que
les « petits des oiseaux » sont nourris dans les bois par la main
divine comme les poussins d'une basse-cour par la main de la
fermière : ce qui est tout simplement la négation de la loi suprême et nécessaire à laquelle sont soumis tous les êtres doués,
à un degré quelconque, d'intelligence et de volonté, et sans
laquelle cette intelligence et cette volonté, n'étant d'aucun usage,
n'auraient point de raison d'être : je veux dire la loi du travail.

Sans doute la Providence a mis dans la nature de quoi nourrir les oiseaux, comme elle y a mis de quoi nourrir les élé-
phants, les girafes, les buffles et les gazelles, les lions et les
loups, les reptiles et les insectes ; comme elle y a mis de quoi
nourrir l'homme et le vêtir, de quoi bâtir des cités, construire
des navires et des machines, créer des arts et une civilisation.
Mais tout cela, il faut le conquérir et savoir l'utiliser. Chaque
être a donc été doué de forces et de facultés proportionnées aux
obstacles, aux dangers qu'il doit rencontrer dans la « bataille
de la vie ». C'est parce que ces dangers et ces obstacles sont
grands pour eux ; c'est parce qu'ils ont beaucoup à faire pour
conserver leur vie, pour se développer, pour assurer la perpétuité de leur espèce, que les oiseaux occupent un rang élevé
dans la série zoologique ; que leur organisation, leurs instincts,
leurs mœurs, leurs industries offrent au naturaliste un sujet
d'étude et de méditations plein d'intérêt et de variété, mais en
même temps très complexe et plein de mystères.

On voit un oiseau voltiger, s'agiter aller, venir, s'élever, descendre, remonter, décrire dans l'air cent courbes capricieuses,
ou traverser l'espace à tire-d'aile. On croit qu'il se joue, qu'il
prend ses ébats, qu'il n'obéit qu'à sa fantaisie, à sa turbulence.
Erreur : il poursuit une proie, il cherche un abri, ou des matériaux pour son nid, ou des aliments pour sa couvée, ou bien
il fuit un ennemi.

L'oiseau, a-t-on dit, est le plus libre de tous les êtres. Oui,
l'oiseau est libre : non seulement parce qu'il va où il veut, que
rien ne limite son activité, qu'ayant pour domaine l'immensité
des airs, il peut se déplacer à son gré, franchir en quelques
heures, en quelques minutes de grandes distances ; il est libre
surtout parce qu'il aime la liberté plus que toute autre chose,
plus que la sécurité, souvent plus que la vie ; parce qu'il en
accepte bravement les conditions sévères : le péril, la lutte, le
travail.

Le type le plus complet peut-être du travailleur indépen-
dant, parmi le peuple ailé, c'est le *pic :* un grimpeur. Ses
doigts, opposés deux à deux et armés d'ongles crochus et acérés, lui permettent de s'accrocher aux troncs des arbres, et d'y
marcher dans le sens vertical, aussi aisément qu'un autre animal marche sur une surface horizontale. Sa queue large et
arquée lui sert encore de point d'appui. Son bec fort et aigu
renferme une langue effilée, extensible, terminée par une
pointe cornée et enduite d'une substance visqueuse, à l'aide de
laquelle il prend avec une adresse étonnante, comme font les
fourmiliers, les insectes et les larves dont il fait sa nourriture.
Mais ces insectes, ces larves, il ne s'en empare qu'au prix
d'un labeur adroit et persévérant, car il les cherche exclusivement sous l'écorce et dans le bois même des arbres. A cet effet,
il frappe d'abord le tronc de son bec pour effrayer l'habitant
et le faire fuir. On le voit, après qu'il a frappé, courir aussitôt
de l'autre côté : non, comme on le croit vulgairement, pour
voir si l'arbre est percé, mais pour saisir les fugitifs, s'il y en
a. Comme ce premier moyen est peu productif, le pic ausculte,
toujours en les frappant de son bec, les arbres que son instinct
lui désigne comme attaqués ; et lorsqu'il a ainsi reconnu l'en-
droit malade, il creuse jusqu'à ce qu'il arrive aux cavités, aux
galeries occupées par les insectes ou par leurs larves.

Le pic, ainsi que bien d'autres oiseaux utiles, a été calomnié, proscrit. On l'accusait d'endommager, de détruire à plaisir les arbres sains et durs, tandis qu'au contraire il ne s'en prend qu'aux arbres que l'insecte est en train de tuer ; et loin de hâter leur mort, il peut parfois les sauver, comme un chirurgien sauve un malade en lui enlevant un os carié ou des chairs gangrenées. Les pics sont farouches, méfiants ; contre qui attente à leur vie, à leur liberté, ils se défendent avec un in-

Pic moyen épeiche.

domptable courage. Vaincus et pris, ils résistent encore, font pour reconquérir leur liberté des efforts surnaturels, et meurent plutôt que de se soumettre.

Audubon, ayant blessé un pic de la Caroline, le rapporta à l'hôtel où il logeait, à Wilmington. Le pauvre captif poussait des cris tellement lamentables, que tous les habitants s'ameutèrent dans les rues que parcourait le naturaliste, croyant qu'il emportait un enfant malade ou grièvement blessé. Audubon renferma le pic dans sa chambre, et redescendit pour panser son cheval. Lorsqu'il remonta, l'oiseau avait déjà fait dans le mur un trou à y plonger le poing. Il l'attacha à une table : en quelques minutes la table fut presque détruite. « Lorsque je voulus en prendre le dessin, dit Audubon, il me coupa plusieurs fois avec son bec, et il déploya un si noble et si indomptable courage, que j'eus la tentation de le rendre à ses forêts natales. Il vécut avec moi à peu près trois jours, refusant toute nourriture, et j'assistai à sa mort avec regret. »

Le genre pic est représenté en Europe par plusieurs espèces :

Martin-pêcheur.

le grand pic noir, qui vit dans les forêts de sapins du Nord ; le pic vert ou *pivert*, un de nos plus beaux oiseaux ; le pic *épeiche*, assez commun en France ; le pic cendré, etc.

Les *martins* (*alcédinidés*) ne sont pas sans quelque ressemblance de physionomie et de caractère avec les pics. Ce sont des oiseaux au plumage brillant et varié, au corps court et ramassé ; leur queue est large et carrée ; leur tête est grosse, leur bec long, épais et lustré. Comme les pics, ils vivent solitaires dans les lieux sauvages, fuient la présence de l'homme et ne supportent pas la captivité. Ils ne sont ni moins actifs

ni moins patients que les pics ; mais leur industrie est autre.
Leur bec robuste n'est pas pour eux un instrument perforant :
c'est un engin de pêche ou une arme de chasse.

Le *martin-pêcheur* est un oiseau d'Europe, qui pour la
beauté rivaliserait avec les plus brillantes passereaux des tropiques. On le voit parfois voler au-dessus des rivières avec une
extrême rapidité, en rasant la surface de l'eau. Il va se poser

Martin-chasseur.

sur une pierre, et là, en vrai pêcheur, il se tient immobile des
heures entières, guettant les poissons et les insectes aquatiques. Lorsqu'il aperçoit une proie, il plonge perpendiculaire-
ment et reparaît presque aussitôt, tenant sa victime entre ses
terribles mandibules. Si c'est un poisson, il lui frappe la tête
sur la pierre pour l'assommer, avant de le dévorer.

Le *martin-chasseur* habite les contrées chaudes de l'Asie ; il
vit là dans les forêts humides et dans les marécages, et fait
une guerre meurtrière aux lombrics, aux chenilles et aux
larves d'insectes. Dans ces pays où le froid est inconnu, où

les insectes pullulent avec une extrême fécondité, le gibier ne
lui manque guère, et son existence est assurée sans qu'il ait
besoin de changer de canton, ni d'étendre au loin le cercle de
ses excursions.

Il s'en faut de beaucoup que ses confrères si nombreux, les
autres chasseurs d'insectes, non plus que les granivores, aient
tous la vie aussi facile et puissent sans se déranger faire bonne
chère toute l'année ; il n'est donné qu'à un petit nombre de

¹ Martinet d'Europe.　　² Hirondelle de cheminée.

mourir dans le pays qui les a vus naître. L'oiseau, en général,
est nomade, soit par instinct, soit plutôt par nécessité. A peine
a-t-il une patrie, encore moins un domicile ; à moins qu'on ne
donne ce nom à l'arbre sur lequel il vient percher le soir pour
dormir. Quant au nid, on sait qu'il n'est construit que pour
la couvée. Une fois que les petits ont des ailes, qu'ils savent
voler et sont capables de chercher eux-mêmes leur nourriture,
ils quittent le nid pour n'y plus revenir ; les parents le quittent également, sauf à en bâtir un autre l'année suivante pour
leur nouvelle couvée. Il y a pourtant des exemples de fidélité

au nid, à la patrie, et, chose singulière, ces exemples sont donnés par des oiseaux essentiellement voyageurs : les *hirondelles*, les *cigognes*, les *grues*.

On sait que les hirondelles arrivent dans nos contrées au printemps, et qu'elles nous quittent au commencement de l'automne. Toutes les espèces n'arrivent ni ne s'en vont en même temps : l'hirondelle de fenêtre se montre la première, puis vient l'hirondelle de cheminée; le martinet les suit à quelque distance. L'hirondelle de cheminée reste la dernière. Le départ a lieu par bandes, au commencement ou au milieu d'octobre, selon que la saison rigoureuse est plus ou moins hâtive. On assure même que ces oiseaux pressentent le froid et la disette, et que leur instinct les avertit de hâter leur départ pour n'être pas pris au dépourvu. Quoi qu'il en soit, les climats tempérés septentrionaux sont la vraie patrie des hirondelles. Si chaque année elles émigrent en Afrique, ce n'est pas là pour elles un changement de résidence : c'est seulement une absence de quelques mois ; absence nécessaire, mais pénible, qu'elles abrégeraient si elles le pouvaient.

Adanson les a observées au Sénégal ; et il a constaté qu'elles n'y forment qu'une installation provisoire ; elles y bivouaquent, passent les nuits sur les toits des maisons, ou dans le sable, près du bord de la mer ; et dès que la saison le permet, elles regagnent leur foyer chéri, toujours le même, tant qu'il subsiste.

« Où la mère a niché, dit Michelet, nichent la fille et la petite-fille. Elles y reviennent chaque année ; leurs générations s'y succèdent plus régulièrement que les nôtres. La famille s'éteint, se disperse, la maison passe à d'autres mains : l'hirondelle y vient toujours ; elle maintient son droit d'occupation. C'est ainsi que cette voyageuse s'est trouvée le symbole de la fixité du foyer. Elle y tient tellement que, la maison réparée, démolie en partie, longtemps troublée par les maçons, n'en est pas moins reprise et occupée par ces oiseaux fidèles, de persévérant souvenir. C'est l'*oiseau du retour*. »

Il n'est pas, assurément, d'être plus complètement aérien que l'hirondelle. Ses longues ailes aiguës, sa queue fourchue, qui, en servant de gouvernail, forme encore en quelque sorte une paire d'ailes supplémentaires, son corps fluet, qui n'est que plumes : tout, dans cet oiseau, réalise l'idéal absolu de la locomotion aérienne. Ses petites pattes grêles ne lui sont presque d'aucun usage pour marcher. « Le vol, dit Guéneau de Montbelliard, est son état naturel, je dirais presque son état nécessaire ; elle mange en volant, se baigne en volant, et quelquefois donne à manger à ses petits en volant... Elle sent que l'air est son domaine ; elle en parcourt toutes les dimensions et dans tous les sens, comme pour en jouir dans tous les détails, et le plaisir de cette jouissance se marque par de petits cris de gaieté. »

De toutes les espèces d'hirondelles, — et l'on en compte jusqu'à soixante-dix, — celle qui possède au plus haut degré ce don de natation aérienne, c'est la grande hirondelle d'église, le martinet noir. Cet oiseau, assez laid et triste d'aspect, au plumage d'un noir de suie uniforme, au bec court, à la bouche largement fendue, déploie une envergure double de sa longueur, qui est d'environ seize centimètres, y compris la queue. Ses ailes sont courbes et acérées comme deux lames de faux. C'est le vrai roi de l'air ; son vol, pour la puissance, égale celui de la frégate : il le dépasse pour la flexibilité. Jour et nuit il vole ; vers le soir, après avoir tournoyé quelque temps autour des clochers et des autres édifices élevés, il prend son élan et va se perdre dans les régions de l'atmosphère où ni l'œil ni aucun oiseau ne peut le suivre. C'est là qu'il passe la nuit, et le lendemain seulement, à l'aube, on le voit redescendre. Un observateur digne de toute créance, Spallanzani, affirme que, l'éducation des jeunes terminée, les martinets se retirent au haut des montagnes, et qu'ils y vivent jusqu'à leur départ d'Europe, « au sein des airs, et sans se reposer jamais sur aucun appui. »

Les hirondelles sont exclusivement insectivores ; elles ne se nourrissent que d'insectes vivants, et, hormis le cas de famine, d'insectes ailés, qu'elles happent au vol dans leur large bouche. Leur vie entière est occupée à cette chasse, et c'est ce qui, joint à leur besoin impérieux de mouvement, rend absolument impossible de les conserver en captivité : la vie et la liberté, pour elles, c'est une même chose.

On trouve de grandes analogies d'organisation entre les hirondelles et les *engoulevents,* dont on pourrait dire à bon droit, d'après M. de la Fresnaye, que ce sont des hirondelles nocturnes, parmi lesquelles les *ibijaus,* qui ne marchent jamais et ne peuvent se tenir à terre, sont les représentants des mar-

linets. Le plumage des engoulevents est léger, mou, nuancé
de gris et de brun comme chez tous les oiseaux nocturnes.
Leurs yeux sont grands, et la lumière les offusque. Ils volent
le soir, d'un vol agile et silencieux, et font aux insectes, surtout aux hannetons, aux guêpes, aux bourdons, une guerre
terrible. Leur bouche, fendue jusqu'aux yeux, s'ouvre démesurément et engloutit de très gros insectes. Le bruit que fait
l'air en s'y engouffrant, et qui ressemble au cri du crapaud,

Engoulevent à longues pennes.

leur a valu leur nom d'*engoulevents* et celui, plus populaire,
de *crapauds volants*. Souvent aussi on les voit immobiles sur
une branche, le bec ouvert et la langue tirée. Ils attendent les
mouches qui viennent sans défiance chercher leur nourriture
dans la bouche de l'engoulevent, comme elles feraient sur un
morceau de chair inerte, et qui s'engluent dans la salive épaisse
dont ses parois sont humectées. De temps en temps le gouffre
se referme et engloutit les insectes, puis il se rouvre pour en
attirer d'autres qui disparaissent également. Les engoulevents
sont des oiseaux migrateurs ; mais ils ne font point de nids.

La femelle dépose simplement ses œufs dans un trou en terre, entre deux pierres, au pied d'un arbre, ou même au milieu d'un sentier.

On a découvert, il y a peu d'années, à la Guyane, une espèce de ce genre, l'*engoulevent à longues pennes*, qui a longtemps intrigué les observateurs. On le voyait voler le soir, accompagné de deux petits satellites qui se tenaient toujours à la même distance, suivant exactement tous ses mouvements, et qu'on était tenté de prendre pour de petits oiseaux. On ne parvenait pas à s'en assurer, car l'engoulevent est très difficile à tirer. Enfin cependant on réussit à l'abattre, et l'on reconnut que ces deux objets qu'il traîne toujours à sa suite ne sont autre chose que des plumes extrêmement longues, mais dont la tige est dépourvue de barbes jusque vers son extrémité, et qui partent de chacune des ailes.

Les cigognes, avons-nous dit, sont, ainsi que les hirondelles, fidèles au lieu de leur naissance ; on pourrait les appeler aussi les *oiseaux du retour*. Elles partagent avec les hirondelles le rare privilège de la sympathie et du respect populaires. Ce respect et cette sympathie ne reposent pas seulement sur les services très réels que les hirondelles et les cigognes rendent à l'homme en détruisant une quantité immense d'insectes et de reptiles : ils semblent s'adresser au caractère même, aux sentiments, aux mœurs de ces oiseaux, à leur douceur, à leur esprit d'association et de fraternité, à leur confiance en la loyauté de ceux dont elles prennent le toit pour abri, et auxquels elles semblent dire : Nous nous mettons sous la sauvegarde des saintes lois de l'hospitalité.

Dans l'antiquité, l'hirondelle était presque partout considérée comme un oiseau sacré, chéri des dieux et citoyen du firmament. De nos jours encore, sauf quelques chasseurs intraitables qui, pour faire parade de leur adresse, s'amusent à tirer des hirondelles, on se garde bien de leur faire aucun mal. On les invite, au contraire, à se fixer sous l'avant des toits, dans les granges, parfois dans la grande chambre, dans la *maison*, comme disent les paysans, habitée par la famille. On dispose à leur intention des pots à fleurs, ou bien des vases faits tout exprès, en forme de bouteilles à goulot court, juste assez large pour donner passage au corps fluet de l'oiseau.

La cigogne, — je parle de la *cigogne blanche,* si commune
dans tout le bassin méditerranéen, — élit volontiers domicile
dans les villes et dans les villages; mais comme, en raison de
sa grande taille, il lui faut beaucoup plus de place qu'à l'hirondelle, elle ne s'installe guère que dans les grandes fermes,

Grue cendrée.   Cigogne blanche.

dans les châteaux, dans les tours des églises. Comme l'hirondelle, elle émigre en Afrique pendant l'hiver, et revient au
printemps. Partout le peuple l'aime, la respecte, et croit qu'elle
porte bonheur à la maison qu'elle choisit. Souvent les paysans
fixent horizontalement sur le pignon de leur maison une roue
dont la partie concave est tournée en dehors, et qui sert de

plancher au nid de la cigogne. Dans plusieurs contrées, la loi
protège cet oiseau. Chez les anciens Égyptiens, le meurtrier
d'une cigogne était puni de mort.

« Les anciens peuples de l'Orient, qui avaient observé l'attachement de la cigogne pour ses petits, dit Le Maout, attribuaient aux petits devenus adultes une piété filiale égale à

Pigeon migrateur.

l'amour maternel dont ils ont été l'objet pendant leur enfance.
Ils avaient remarqué que, pendant les migrations, les forts et
les jeunes allègent pour les vieux les fatigues d'un long voyage,
en prenant le vent à leur place. Il y a dans une vieille légende
arabe un précepte ainsi conçu : « Cours au désert, mon fils,
« observe la cigogne : elle porte sur ses ailes son père âgé ;
« elle le soigne dans ses infirmités ; elle pourvoit à tous ses
« besoins ; la piété d'un fils pour son père est plus douce que
« l'encens de Perse offert au soleil, plus délicieuse que les par-
« fums qu'un vent chaud fait exhaler des plantes aromatiques
« de l'Arabie. » Quelques auteurs d'esprit sceptique et positif

prétendent que la dureté et la mauvaise qualité de la chair des cigognes sont pour beaucoup dans la bienveillance dont ces oiseaux sont l'objet en tout pays. Cela peut être ; bien que trop souvent l'homme tue les animaux les plus inoffensifs, sans que leur chair ni leur dépouille lui soient d'aucun usage, et uniquement pour obéir à je ne sais quel besoin de destruction.

Certains oiseaux voyageurs lui fournissent de superbes occasions de satisfaire ce penchant barbare, et de se procurer en abondance d'excellent gibier. Tels sont les oies, les canards, les cailles, et surtout l'espèce de pigeon appelée *colombe émigrante, pigeon migrateur,* et, dans le midi de la France, *chatre* et *palombe.* Il faut avouer que contre ces oiseaux, si jolis et si intéressants qu'ils soient, la guerre est légitime : non seulement parce que leur chair est bonne à manger, mais parce qu'ils causent, dans les pays où ils s'arrêtent pour se restaurer, des dégâts comparables à ceux des sauterelles. Ils voyagent en masses tellement nombreuses et serrées, que la lumière du soleil peut en être obscurcie comme elle le serait par un nuage orageux, et que leurs troupes mettent souvent plusieurs heures à défiler au-dessus d'un point donné, bien qu'ils volent avec une grande rapidité.

C'est surtout dans l'Amérique septentrionale que ces migrations prennent des proportions extraordinaires. Le soir, lorsque les pigeons s'arrêtent pour dormir sur les arbres des forêts, on en fait un effroyable carnage, après lequel, aux premiers rayons du jour, les voyageurs reprennent leur route, sans que leur nombre paraisse diminué. Audubon, qui fut plusieurs fois témoin de ce spectacle étrange, a essayé de calculer approximativement l'effectif d'une de ces immenses agglomérations, et la quantité de nourriture qu'elle doit consommer en un jour. « Prenons, dit-il, une colonne d'un mille de large, ce qui est bien au-dessous de la réalité, et concevons-la passant au-dessus de nous, sans interruption, pendant trois heures, à raison également d'un mille par minute ; nous aurons ainsi un parallélogramme de cent quatre-vingts milles de long sur un de large. Supposons deux pigeons par yard carré : le tout donnera *un billion cent quinze millions cent cinquante-six mille* pigeons *par troupe ;* et comme chaque pigeon consomme par jour une bonne demi-pinte de nourriture, la quantité nécessaire pour subvenir à l'alimentation de cette immense multitude devra être de *huit millions sept cent douze mille boisseaux par jour*.

« Lorsque la faim les ramène à terre, ajoute Audubon, on les voit retournant très adroitement les feuilles sèches qui cachent les graines et les fruits tombés des arbres. Sans cesse les derniers rangs s'enlèvent et passent par-dessus le gros du corps pour aller se reposer en avant, et ainsi de suite, d'un mouvement rapide et si continu, que toute la troupe semble être en même temps sur ses ailes. L'étendue de terrain qu'ils balayent est immense, et la place rendue si nette, qu'un glaneur qui voudrait venir après eux perdrait complètement sa peine...

« Le pigeon voyageur n'accomplit ses migrations que par la nécessité où il se trouve de se procurer de la nourriture, et non pour chercher une meilleure température ; en sorte qu'elles ne sont point périodiques.

« La grande force de leurs ailes leur permet de parcourir et d'explorer en volant une immense étendue de pays en peu de temps. On en a tué dans les environs de New-York ayant encore le jabot plein de riz, qu'ils ne pouvaient avoir pris que dans la Caroline ou dans la Géorgie. Or comme la digestion se fait dans moins de douze heures, il s'ensuit qu'ils devaient avoir parcouru trois à quatre cents milles en six heures environ ; en sorte que leur vol ferait un mille à la minute. A ce compte, un de ces oiseaux, s'il en prenait l'envie, pourrait visiter le continent européen en moins de trois jours...

« Leur multitude est vraiment étonnante ; à ce point que moi-même, qui ai pu les observer si souvent et en tant de circonstances, j'hésite encore et me demande si ce que je viens de raconter est bien un fait. Et pourtant je l'ai bien vu, et les personnes qui m'accompagnaient en restèrent comme moi saisies d'étonnement. »

CHAPITRE VII

LES NAGEURS ET LES MARCHEURS

On pourrait, ce me semble, partager la classe des oiseaux
en cinq grandes sections. La première, et de beaucoup la plus
nombreuse, se composerait des oiseaux exclusivement aériens :
de ceux pour qui le vol est le mode normal de locomotion, qui
ne se servent ordinairement de leurs pattes que pour se reposer en s'accrochant aux branches des arbres, et qui, lorsqu'ils
veulent changer de place sans quitter le sol, sautillent au lieu
de marcher. Puis viendraient deux séries parallèles, comprenant : d'une part, la section des oiseaux à la fois aériens et
terrestres, sachant voler et marcher, et celle des oiseaux exclusivement terrestres, qui marchent ou courent facilement, mais
ne volent point; d'autre part, la section des oiseaux à la fois
aériens et aquatiques, naviguant à volonté dans l'air ou sur
les eaux, et celle des oiseaux exclusivement aquatiques, nageurs habiles, mais tout à fait impropres au vol. Chacune de
ces deux séries passe, par des transitions insensibles, d'un
extrême à l'autre. La première part du pigeon migrateur et du
tourne-pierre, et par les gallinacés et les échassiers aboutit
aux oiseaux déchus, aux lourds bipèdes dont les plumes ressemblent à des poils, et les ailes à des moignons inertes, qu'ils
cachent tristement sous leur épaisse fourrure. La seconde a
pour premier terme la frégate, qui, comme voilier, rivalise
avec le martinet, mais dont les pattes ne présentent encore que
des rudiments de palmes ; et pour dernier terme le manchot,
être hybride aux plumes écailleuses, dont les ailes ne sont plus
que des nageoires supplémentaires, et qui, pouvant à peine se
traîner à terre, nage et plonge avec une aisance et une agilité
surprenantes.

Les espèces appartenant à cette dernière série forment, dans
la classification adoptée par tous les zoologistes, un ordre parfaitement déterminé : celui des palmipèdes. La grande majo-

rité sont des espèces marines vivant de poissons, de mollusques, de zoophytes, ou dévorant les cadavres et les immondices qui flottent à la surface de l'eau, ou que les vagues rejettent sur les rivages.

C'est parmi les oiseaux de mer que se trouvent les types extrêmes de la série : les grands voiliers à la vaste envergure, au vol infatigable, ne venant à terre que pour déposer et couver leurs œufs, et du reste, n'ayant pour perchoir que la crête des lames ; et les oiseaux amphibies, aussi libres dans l'eau que le poisson, aussi misérables à terre que les phoques et les tortues, et tout autant qu'eux incapables de s'élever dans l'air. Nous avons étudié ailleurs ces hôtes ou ces parasites de l'Océan [1] : la frégate, « le petit aigle de mer, dit Michelet, le premier de la race ailée, l'audacieux navigateur qui ne ploie jamais la voile, le prince de la tempête, contempteur de tous les dangers ; » l'énorme albatros, qu'on pourrait appeler le vautour des mers, car il semble avoir pour spécialité de les débarrasser des cadavres de leurs habitants ; les goélands et les mouettes, qui aident l'albatros dans cette tâche comme à terre les corbeaux aident les vautours ; les pétrels, oiseaux des tempêtes ; les phaétons, les cormorans, les fous, etc.; puis les grèbes, les gorfous, les pingouins, les manchots, toute la tribu des plongeurs, que la loi impérieuse de reproduction oblige seule à quitter leur véritable élément.

Les types intermédiaires, à la fois bons nageurs et bons voiliers, se rencontrent plutôt parmi les palmipèdes d'eau douce, et notamment dans la famille des *anatidés* (du latin *anas*, canard). Ce sont, pour la plupart, à l'état sauvage, des oiseaux navigateurs, qui s'établissent en hiver dans les climats tempérés, et en été dans les régions septentrionales de l'ancien et du nouveau continent. Mais l'homme s'en est approprié un très grand nombre et les a réduits en domesticité pour les faire servir, soit à l'ornement de ses parcs et de ses jardins, soit plutôt à son alimentation. Dans cet état, ils ont perdu leurs instincts voyageurs et oublié le vol ; ils ne songent même pas à s'écarter de la mare ou de la pièce d'eau qui leur est assignée.

Les anatidés ont le bec large, déprimé ou arrondi, onguiculé

---

[1] *Les Mystères de l'Océan*, 3ᵉ partie, chap. xv.

OISEAUX DE MER

1 Pétrel-tempête. — 2 Bec-en-ciseaux noir. — 3 Albatros à sourcil noir. — 4 Frégate. — 5 Hirondelle de mer. — 6 Paille-en-queue à brin blanc. — 7 Fou.

à son extrémité, dentelé en scie ou en lames, et revêtu d'un épiderme mou. Leurs pattes sont entièrement palmées, leurs ailes étroites et de médiocre longueur.

Les *canards*, les *oies* et les *cygnes* sont les trois genres les plus intéressants et les plus connus de cette famille. Quelques espèces du premier de ces genres sont remarquables par la beauté de leur plumage. On peut citer entre autres le *canard tadorne*, d'Europe, qui fournit un duvet presque aussi estimé que celui de l'eider; le *canard huppé* de la Caroline, et le *canard à éventail* de la Chine. Ces deux derniers ont été introduits en Europe, où ils se sont très bien acclimatés.

Les oies ne sont point représentées dans les pays chauds, si ce n'est par les individus qu'on y a transportés d'Europe, et qui s'y sont multipliés. Leurs couleurs ne varient que du blanc au noir ou au brun, en passant par les nuances intermédiaires. Elles sont plus grosses que les canards, ont les pattes plus hautes et le cou plus long. Elles ont les mêmes mœurs, tant à l'état sauvage qu'à l'état domestique. La seule espèce peut-être à laquelle on ne puisse refuser une beauté réelle et originale est l'*oie frisée* de Hongrie. Elle est de grande taille et d'une éclatante blancheur.

On sait qu'avant l'invention des plumes métalliques il se faisait, dans tout l'univers écrivant, une immense consommation de plumes d'oie. Ces plumes sont celles des ailes (rémiges). L'oie donne aussi un duvet excellent, bien qu'inférieur, sous le rapport de la finesse, à celui des canards eider et tadorne. Sa chair est, avec celle du dindon et celle du poulet, d'un usage général pour l'alimentation des classes aisées. Toutefois c'est un aliment dont on se lasse assez vite. La graisse de cet oiseau est plus estimée que sa chair. Enfin, en soumettant l'oie à la reclusion et à l'immobilité complètes, en même temps qu'à une nourriture très abondante, on développe chez elle une hypertrophie cancéreuse du foie, qui donne à cet organe une saveur délicieuse. La production du *foie gras* et la confection des pâtés dont il est l'aliment fondamental, constituent une industrie fort lucrative, qui se pratique particulièrement en Alsace. Les pâtés de foie gras de Strasbourg sont renommés dans le monde entier.

Le cygne doit à sa beauté d'échapper au sort cruel de sa cousine l'oie et de son cousin le canard. Peut-être aussi sa chair n'est-elle pas aussi bonne à manger. Celle du cygne sauvage cependant n'est pas désagréable, et les chasseurs ne se font point scrupule de tirer sur cet oiseau, lorsque en hiver il émigre des mers septentrionales vers des climats moins rigoureux.

Oie frisée de Hongrie.

Buffon a fait du cygne, dans le style pompeux dont il a plus d'une fois abusé, un portrait qui ressemble fort à un panégyrique. Non seulement il vante la grâce de cet oiseau, la beauté de ses formes et de son plumage; mais il lui attribue les plus nobles qualités; et comme il se plaît à trouver toujours, parmi les animaux, des princes et des sujets, il fait du cygne le roi

des fleuves, des lacs et des étangs; mais un roi généreux,
libéral, plein de mansuétude, de justice; un roi idéal, en un
mot, et tel qu'on n'en vit jamais, hélas! parmi les hommes.
Après avoir flétri du nom de tyrans le lion (dont ailleurs il fait
pourtant aussi le plus magnanime de tous les monarqués), le

Cygne à tête et cou noirs.

tigre, l'aigle et le vautour, il ajoute : « Le cygne règne sur les
eaux à tous les titres qui fondent un empire de paix : la grandeur, la majesté, la douceur, avec des puissances, du courage,
des forces, et la volonté de n'en pas abuser... Il vit en ami
plutôt qu'en roi au milieu des nombreuses peuplades des oiseaux aquatiques, qui toutes semblent se ranger sous sa loi;

il n'est que le chef, le premier habitant d'une république tranquille, où les citoyens n'ont rien à craindre d'un maître qui ne demande qu'autant qu'il leur accorde, et ne veut que calme et liberté. » La vérité est que le cygne est un animal inoffensif, mais capable de déployer un grand courage, surtout lorsqu'il s'agit de défendre sa femelle et ses petits. Ses ailes deviennent, dans ce cas, des armes redoutables, dont les coups vigoureux mettent souvent l'agresseur hors de combat. On assure qu'un de ces coups d'ailes peut rompre la jambe d'un homme. Si le cygne n'est pas le plus rapide, c'est au moins, sans contredit, le plus élégant des oiseaux nageurs; ce n'est pas seulement, dirons-nous avec Buffon, le premier des navigateurs ailés : c'est le plus beau modèle que la nature nous ait offert de l'art de la navigation.

La blancheur du cygne d'Europe est proverbiale; mais le plumage des autres espèces offre des nuances plus ou moins accusées de gris et de noir. Ainsi le *cygne à bec noir*, improprement appelé aussi *cygne chanteur*, est teinté de gris jaunâtre. Le *cygne canadien* est d'un brun obscur qui devient plus foncé sur le cou, où il est interrompu par une bande transversale blanche. Le *cygne du Paraguay* a la tête et le cou noirs; enfin ou a découvert à la Nouvelle-Hollande un cygne entièrement noir. L'étonnement fut général lorsque pour la première fois cet oiseau fut apporté en Europe. Il y est aujourd'hui devenu assez commun, surtout en Angleterre. Le muséum de Paris en a possédé plusieurs exemplaires.

J'ai donné le pigeon et le tourne-pierre comme les deux types les plus élevés de la série des oiseaux terrestres. Nous savons quelle est la puissance du vol du premier : c'est cependant un gallinacé; à terre, il marche, non en sautillant, comme font les passereaux, mais en levant et en avançant successivement les deux pieds. De même, le tourne-pierre, malgré ses longues ailes aiguës et ses jambes assez courtes, est un échassier. Il est donc voisin des hérons, des grues, des cigognes, et se relie par ces dernières aux échassiers à pieds palmés, qui établissent la transition entre les marcheurs et les nageurs.

Le *héron* est un excellent voilier. Poursuivi par un oiseau de proie, c'est en s'élevant plus haut que lui qu'il cherche à lui échapper, et qu'il y réussit quelquefois. Il habite les bords des rivières, des étangs et des marais, et se nourrit de poissons, de grenouilles et, faute de mieux, d'insectes et de limaçons. Il se tient souvent immobile sur le rivage pendant des heures entières, attendant une proie qu'il saisit en un clin d'œil, dès qu'elle se présente à portée de son « long bec emmanché d'un long cou ».

Les grues sont des oiseaux migrateurs, qui ont pourtant des habitudes plus terrestres que celles des hérons. Leur nourri-

Jacana d'Afrique.

ture est aussi plus végétale, et consiste principalement en graines et herbes aquatiques; toutefois elles y ajoutent volontiers, de temps en temps, des insectes, des mollusques, des vers, des grenouilles. Il en est même qui n'épargnent pas les lézards et les petits mammifères rongeurs. Les grues sont de grande taille; leurs formes sont élégantes, leurs allures vives, capricieuses, quelquefois très comiques. Leur plumage est fort beau, sans offrir pour l'ordinaire des nuances très vives. On peut citer toutefois la *grue couronnée*, ou *oiseau royal*, pour le luxe de sa parure.

La *grue cendrée*, qui est le type de cette famille, a plus d'un mètre trente centimètres de haut. Son plumage est d'un gris lustré qui devient noir sur le cou et sur les côtés de la tête. Sa croupe est ornée de longues plumes redressées, contournées, et en partie noires. Cet oiseau est originaire des contrées septentrionales, qu'il quitte en hiver pour gagner le Midi. Il voyage la nuit, en troupes nombreuses formant un triangle dont le sommet est occupé par un chef. Celui-ci fait entendre

Kamichi cornu.

de moment en moment un cri d'appel auquel ses compagnons répondent aussitôt. Les anciens Grecs tiraient de ces cris éclatants, aux inflexions variées, des présages relatifs aux changements de temps. Ils avaient d'ailleurs pour les grues une grande vénération, fondée sur les vertus qu'ils leur attribuaient, et aussi sur un événement dans lequel une troupe de ces oiseaux aurait, d'après le récit d'Hérodote, joué un rôle providentiel, en servant à faire reconnaître les meurtriers du poète Ibiscus.

Les échassiers étant presque tous, comme les hérons et les grues, des oiseaux de rivage ou de marais, qui doivent pêcher

16

leur nourriture, la nature leur a donné, outre de très longues jambes, de longs doigts, tantôt libres, tantôt réunis entre eux par des membranes, et qui les empêchent de s'enfoncer trop profondément dans la vase ou dans le sable humide. Chez les *jacanas*, les doigts sont d'une longueur démesurée, et terminés par des ongles acérés dont l'animal peut se servir pour transpercer et amener à lui les animaux qu'il veut dévorer. Les ja-

Savacou.

canas sont répandus dans les contrées les plus chaudes de l'Amérique, de l'Asie et de l'Afrique. Le jacana d'Afrique atteint une hauteur de trente à trente-cinq centimètres. Son plumage est roux, avec le cou blanc, la tête et les rémiges noires. Ses ailes sont pourvues d'un éperon orné qui paraît être une arme de combat. Cette arme se retrouve, non seulement chez les jacanas de l'Asie et du nouveau monde, mais encore chez plusieurs autres échassiers des régions tropicales. Elle est même double, et de plus très aiguë et très puissante, chez le *kamichi*. Ce dernier, unique en son genre, habite le Brésil et la Guyane. Il est de la taille du dindon, auquel il ressemble par la couleur foncée de son plumage. Il porte sur la tête une longue tige cornée, mince et mobile, qui lui a fait donner le nom de *kamichi cornu*.

Cet oiseau se tient dans les lieux humides habités par les

Balœniceps-roi.

jacanas, avec lesquels il vit en paix, n'ayant point de proie à leur disputer, puisqu'il pâture l'herbe des marécages à la façon des oies. Là se trouve aussi le *savacou*, singulier oiseau, moins gros et plus bas sur jambes que le héron, à côté duquel il a été placé par les ornithologistes, mais remarquable surtout par son bec épais et large, armé à son extrémité de dents aiguës, et dans lequel il peut emmagasiner la nourriture d'une journée au moins. Cette nourriture consiste en poissons et en petits reptiles. Son congénère d'Afrique, récemment découvert, le *balœniceps-roi*, échassier de grande taille, aux larges pieds, aux jambes robustes, au bec énorme, tranchant et crochu, a, dit-on, un goût particulier pour les petits crocodiles. En détruisant ces monstres dès leur jeune âge, il rend aux habitants

Ibis sacré.

de la côte occidentale un service beaucoup plus réel que celui dont les anciens Égyptiens se croyaient redevables à leur *ibis sacré*, et en reconnaissance duquel ils rendaient à cet oiseau un culte fervent. L'ibis, disaient-ils, arrêtait et exterminait aux frontières les légions de serpents qui, sans lui, eussent envahi le royaume. Une légende populaire assurait d'autre part que le grand Hermès, pour descendre sur la terre et enseigner aux hommes les arts et le commerce, avait pris la forme d'un ibis. Aussi cet animal jouissait-il en Égypte d'une inviolabilité absolue : le tuer était un crime affreux, un sacrilège exécrable que

le meurtrier ne pouvait expier qu'au prix de sa vie. L'ibis mort
était embaumé et inhumé avec autant de soin que le plus glo-
rieux monarque, et l'on a trouvé dans les cryptes beaucoup de
momies d'ibis parfaitement conservées sous leurs bandelettes
goudronnées.

Outarde-kori.

Les hérons, les grues, les jacanas, les savacous, les balœni-
ceps ont les doigts longs et libres. Chez la cigogne, l'ibis, le
marabou, les pattes sont à demi palmées; elles le sont entièrement chez les *spatules* et les *phénicoptères*. Cette transformation ne s'observe point chez les autres oiseaux marcheurs, les gallinacés, qui sont tout à fait terrestres, et qui

·évitent l'eau beaucoup plus volontiers qu'ils ne la cherchent.

Il est néanmoins difficile de tracer une ligne de démarcation bien nette entre les gallinacés et les échassiers. Les *outardes*, rangées naguère sans conteste parmi les premiers, ont été

1 Casoar austral ou émou.   2 Casoar à casque ou émeu.

ensuite annexées aux seconds par ce seul motif, d'une valeur peut-être contestable, que leurs jambes sont dégarnies de plumes au-dessus de l'articulation tibio-tarsienne. Il existe en Europe plusieurs espèces d'outardes, qui, malgré cela, ressemblent certainement beaucoup plus à de grandes poules ou à des pintades qu'à des cigognes ou à des marabous. Leur corps est massif, leur bec court, leur cou médiocrement long, leurs jambes grosses, leur démarche lourde. Elles se servent de leurs ailes bien moins pour voler que pour accélérer leur course.

La plus grande espèce du genre est l'*outarde-kori*, du cap de Bonne-Espérance. La variété albine, dont il existe un exemplaire aux galeries du muséum, est blanche, striée de gris sur le cou et sur la poitrine. Sa taille est d'environ un mètre quarante centimètres. Ses jambes hautes et robustes, terminées par des doigts puissants, rappellent moins les échassiers, auxquels on l'a associée, que les grands oiseaux coursiers, les marcheurs géants des déserts de l'Afrique, de l'Amérique et des îles océaniennes : les *autruches* et les *casoars*.

Tout le monde connaît la grande autruche d'Afrique, déjà presque naturalisée en France, où elle finira probablement par devenir, selon le vœu d'Isidore Geoffroy-Saint-Hilaire, un « oiseau de boucherie ». L'autruche d'Amérique (le *nandou*) est plus petite de moitié que sa congénère de l'ancien monde, et son plumage est moins fourni. Les nandous vivent dans les pampas de l'Amérique méridionale, en troupes d'une trentaine d'individus. Ils courent avec une extrême rapidité, en s'aidant de leurs ailes. Ce sont aussi d'excellents nageurs. Non seulement ils se jettent à l'eau toutes les fois qu'ils le peuvent pour échapper aux poursuites de leurs ennemis, mais ils semblent prendre plaisir à se baigner. Leur régime est herbivore, et leurs mœurs sont tout à fait inoffensives.

On connaît également deux espèces distinctes de casoars, mais qui n'appartiennent ni à l'Afrique ni à l'Amérique. L'une est le *casoar-émeu*, ou *casoar à casque*, des îles de l'archipel Indien ; l'autre est l'*émou*, ou casoar de la Nouvelle-Hollande. Le casoar à casque est ainsi nommé à cause de l'excroissance cornée dont sa tête est surmontée. Il est aussi gros que l'autruche, mais il a les jambes et le cou moins longs. Les plumes noirâtres dont il est uniformément revêtu ressemblent assez bien à de longs poils très gros. Ce sont cependant de vraies plumes, dont la tige fine et flexible est garnie de barbules extrêmement courtes et ténues. Les ailes sont rudimentaires, et leurs rectrices sont remplacées par cinq grandes pennes dont la tige, beaucoup plus forte que celle des plumes du corps, est totalement dépourvue de barbes.

L'émou, appelé *dromée* par quelques ornithologistes, semble tenir le milieu entre l'autruche d'Afrique et le casoar. Il se rapproche de la première par sa tête presque nue, par l'absence de casque. Ses plumes sont plus barbues que celles de l'émeu, sans l'être autant que celles de l'autruche. Il est moucheté de noir sur un fond blanchâtre. Il se plaisait dans les forêts d'eucalyptus, qui abondaient autrefois près des côtes de la Nouvelle-Hollande; mais les défrichements des colons l'en ont aujourd'hui chassé, pour le refouler dans l'intérieur des terres.

Richard Owen et Isidore Geoffroy-Saint-Hilaire ont démontré qu'il faut rattacher à la famille des oiseaux coureurs les colosses fossiles dont on a retrouvé, à la Nouvelle-Zélande et à Madagascar, des ossements dépareillés et des œufs pétrifiés, et qu'on a nommés *dinornis* et *épiornis*. Ces deux oiseaux étaient des autruches ou des casoars gigantesques, dont la taille atteignait au moins quatre mètres. Quant au *dronte* ou *doda*, que les navigateurs portugais et hollandais trouvèrent encore, il y a trois siècles, aux îles Mascareignes, et qui a depuis complètement disparu, on est tenté d'y voir un de ces *jeux de la nature* auxquels la science du moyen âge avait recours pour expliquer tout ce qui lui semblait anormal. C'était un monstre disgracié, aussi impropre à la marche qu'au vol. Un corps obèse, des ailes avortées, des pieds gros et courts; en guise de queue, une touffe de plumes bizarrement retroussées et frisées, presque point de tête, mais un bec énorme et crochu, à la base duquel s'ouvraient deux gros yeux ronds et stupides : tel était cet être grotesque, cet oiseau-caricature, dont il ne reste, je crois, qu'un seul exemplaire empaillé et fort endommagé par les vers, dans un musée zoologique des Pays-Bas.

CHAPITRE VIII

LES RAPACES

Les personnes qui visitaient, il y a une douzaine d'années, la ménagerie du muséum d'histoire naturelle ne manquaient pas de remarquer, dans le vaste enclos affecté aux échassiers et aux palmipèdes, un oiseau dont voici le signalement :

Taille d'un mètre vingt centimètres ; bec aquilin ; œil gris ; tour de l'œil jaune et dénué de plumes ; nuque ornée d'une huppe de plumes, rejetée en arrière ; cou dégagé ; ailes moyennes, armées chacune de trois éperons ; queue étagée ; plumage varié de noir, de blanc, de gris et de brun ; tarse très long, revêtu d'écailles jaunes ; doigts au nombre de quatre : trois en avant, un en arrière ; ongles noirs, usés par la marche ; *signe particulier :* une jambe de bois habilement adaptée et remplaçant un des tarses, supprimé sans doute par la balle du chasseur. Cet oiseau-invalide, qui du reste se servait très prestement de sa jambe postiche, était un *serpentaire* du Cap, appelé aussi *secrétaire* à cause des plumes qu'il porte derrière l'oreille comme un bureaucrate, et *messager* à cause de la rapidité de sa marche. Le serpentaire, dont on voit souvent des spécimens dans les ménageries, établit la transition entre deux ordres d'oiseaux qui sembleraient à un observateur superficiel aussi différents l'un de l'autre que peuvent l'être deux groupes d'animaux appartenant à la même classe : les échassiers et les rapaces. Comme les premiers, il est habitant de la terre, coureur, sauteur alerte, et ne fait guère usage de ses ailes que pour accélérer sa course. Mais il se rattache aux seconds par son bec crochu, par ses jambes emplumées et par la structure de ses organes internes ; si bien que les naturalistes modernes l'ont définitivement rangé parmi les oiseaux de proie.

Hâtons-nous d'ajouter que le Créateur semble l'avoir chargé spécialement d'une mission toute bienfaisante : celle de détruire les reptiles, si nombreux dans l'Afrique australe, et particulièrement les serpents venimeux. Il attaque et combat ces dangereux animaux avec un courage et une adresse qui lui assurent presque toujours la victoire, se faisant d'une de ses ailes un véritable bouclier, trompant et lassant par ses évolutions multipliées son ennemi, qui ne tarde pas à succomber sous les coups redoublés de son bec et de ses éperons. Les serpents ne sont pas, du reste, sa seule nourriture : son appétit est fort exigeant, et il dévore aussi d'autres reptiles et même des insectes. Levaillant a trouvé dans l'estomac d'un serpentaire vingt et une petites tortues de trois à cinq centimètres de diamètre, onze lézards de vingt à vingt-cinq centimètres, trois serpents de soixante-dix à soixante-quinze centimètres, une multitude de sauterelles et une pelote volumineuse composée de résidus non assimilables des repas précédents.

Le serpentaire est un oiseau à part. On n'en connaît qu'une espèce, qui forme à elle seule un genre et même une famille distincte. Tous les autres rapaces ont les tarses courts, les pieds longs, les doigts grêles, déliés, terminés par des ongles recourbés, acérés et rétractiles, qu'on nomme *serres*, les ailes amples et larges, garnies de pennes solides et mises en mouvement par des muscles extrêmement forts. La base de leur bec, où sont percées les narines, est garnie d'une membrane ordinairement jaune ou rougeâtre, qu'on appelle *cire*. Leurs yeux sont grands, enfoncés dans leurs orbites et protégés par des arcades sourcilières proéminentes ; leur vue est d'une portée extraordinaire. Leurs instincts sont farouches ; ils se nourrissent exclusivement de chair ; leur appétit est vorace, et lorsqu'ils se trouvent en présence d'un repas copieux, ils se gorgent jusqu'à n'en pouvoir plus ; mais en revanche la nature, prévoyant que la proie pourrait souvent leur manquer, les a doués de la faculté de supporter sans en souffrir des jeûnes de plusieurs jours, et même, dit-on, de plusieurs semaines.

Les divisions de l'ordre des rapaces étaient tout indiquées par des différences d'organisation et de mœurs qui n'ont laissé aux ornithologistes que la peine de les constater et de les enregistrer, et d'après lesquelles ces oiseaux ont été partagés en deux sous-ordres : celui des *rapaces diurnes,* ou *accipitrés,* et celui des *rapaces nocturnes,* ou *strigidés.*

Les *accipitrés* (du latin *accipiter*, épervier) sont subdivisés en deux familles : celle des *falconidés* et celle des *vulturidés*. Nous dirons de préférence *faucons* et *vautours*. Il faut cependant remarquer que dans la famille des falconidés on a fait entrer non seulement les faucons proprement dits et tous les rapaces de petite taille qui jouaient autrefois un rôle dans la *fauconnerie :* gerfauts, émérillons, autours, éperviers, cresserelles, etc., mais encore les grands oiseaux de proie communément désignés sous le nom d'*aigles*. Les zoologistes auraient-ils prétendu donner à ces derniers une leçon d'humilité, en prenant leurs plus faibles confrères le faucon et l'épervier pour types, l'un, de la sous-classe entière des rapaces diurnes, l'autre, de la grande famille dans laquelle eux, les aigles, les tyrans de l'air, ne forment qu'un simple genre perdu au milieu de la foule?

Déjà les maîtres ès fauconnerie, divisant les oiseaux chasseurs en deux classes, les *nobles* et les *ignobles*, n'avaient pas craint de reléguer l'aigle dans la seconde de ces catégories. Le signe de la noblesse ou de la roture se trouvait dans la forme des doigts, longs et déliés chez les oiseaux nobles, plus courts et plus massifs chez les ignobles. Mais cette différence extérieure correspond, il faut le reconnaître, à une différence de mœurs et de goûts qui n'avait point échappé aux anciens veneurs. En effet, tandis que les *nobles* ne dévorent que des proies vivantes, et passent sans s'arrêter auprès d'un gibier mort, les *ignobles,* pour peu que la faim les presse, ne dédaignent point les cadavres, et même la chair déjà corrompue. On distinguait d'autre part les faucons en oiseaux de *haut vol,* ou *rameurs,* et oiseaux de *bas vol,* ou *voiliers.* D'après Huber (de Genève), les rameurs sont les falconiens *acutipennes,* c'est-à-dire à aile aiguës, et les voiliers sont les falconiens *obtusipennes.*

La fauconnerie, ou *chasse à l'oiseau,* était autrefois, on le sait, le passe-temps favori des rois, des seigneurs et des grandes dames. C'est un art compliqué, dispendieux et; de plus, passablement barbare. Il est aujourd'hui généralement abandonné et presque entièrement oublié dans la plupart des pays civilisés. On le pratique cependant encore, dit-on, dans quelques parties de l'Europe : en Angleterre, en Écosse, en Allemagne, en Suède et en Norwège. « Il y a en Belgique, près de Namur, dit Le Maout, un village nommé *Falken-Hauzer*, dont les habitants ont pour unique industrie l'éducation du faucon. Ils vont chercher ces oiseaux dans le Hanovre, reviennent les dresser dans leur village, et les vendent ensuite dans le nord de l'Europe, à l'aide de correspondances qu'ils entretiennent avec soin. Lorsqu'ils ont placé un faucon dressé, ils restent chez l'acheteur jusqu'à ce que le faucon soit habitué à obéir à la voix de son nouveau maître. »

C'est surtout parmi les princes et les hauts personnages de la Perse, de l'Hindoustan et de l'Afrique septentrionale que la fauconnerie était naguère en honneur. Les Persans, en particulier, avaient porté l'éducation des faucons à un très haut degré de perfection. Ils en dressaient à chasser toute espèce de gibier; toutefois le *vol* de la gazelle était peut-être celui qu'ils préféraient à tous les autres. « Ils y dressent leurs oiseaux d'une façon *très ingénieuse*, dit le voyageur Thévenot. Ils ont des gazelles empaillées, sur le nez desquelles ils donnent toujours à manger à ces faucons, et jamais ailleurs. Après qu'ils les ont ainsi élevés, ils les mènent à la campagne, et lorsqu'ils ont découvert une gazelle, ils lâchent deux de ces oiseaux, dont l'un va fondre sur le nez de la gazelle et s'y cramponne avec ses griffes. La gazelle s'arrête, et se secoue pour s'en délivrer; l'oiseau bat des ailes pour se retenir accroché, ce qui empêche encore la gazelle de bien courir, et même de voir devant elle. Enfin, lorsque, avec bien de la peine, elle s'en est défaite, l'autre faucon, qui est en l'air, prend la place de celui qui est à bas, lequel se relève pour succéder à son compagnon lorsqu'il sera tombé; et de cette sorte ils retardent tellement la course de la gazelle, que les chiens ont le temps de l'attraper. Il y a d'autant plus de plaisir à ces chasses, que le pays est plat et découvert, y ayant fort peu de bois. »

Il ne peut entrer dans notre plan de nous arrêter à l'étude des procédés en usage pour dresser les faucons aux différents genres de volerie. J'engage ceux de mes lecteurs qui désireraient s'initier aux secrets de cet art à lire le livre très curieux que MM. Chenu, Verreaux et des Murs ont ajouté à leurs *Leçons sur l'histoire naturelle des oiseaux*, et qui traite spécialement *de la fauconnerie ancienne et moderne*. Je me bornerai à indiquer ici quelques-uns des oiseaux *nobles* les plus recher-

Fauconnerie. — Le vol de la gazelle.

chés des veneurs d'autrefois. Au premier rang se placent, comme les plus beaux, les plus forts, les plus braves et les plus dociles à la fois, les faucons proprement dits : le *faucon blanc*, le *faucon d'Islande*, le *faucon-gerfaut*, le *faucon-sacre*, le *pèlerin*, ou faucon commun, l'*autour* et l'*épervier*. « De tous les oiseaux de proie, dit Sinnini, le gerfaut (et sous ce nom Sinnini comprenait, outre le gerfaut proprement dit, le faucon blanc, les faucons d'Islande et de Norwège, et le sacre) est, après l'aigle, le plus fort, le plus vigoureux et le plus hardi ; il ne craint même pas de se mesurer avec le tyran des airs, et, dans un engagement en apparence inégal, il prouve par ses victoires ce que peut la valeur contre les avantages de la taille et des armes. A ces qualités nécessaires à un être que la nature a destiné aux combats et au carnage, cet oiseau joint la promptitude des mouvements, la célérité dans l'exécution et l'activité qui enchaîne le succès. Aussi l'art de la fauconnerie s'est-il emparé de cette espèce puissante. Le gerfaut tient le premier rang parmi les oiseaux de haute volerie. Il est bon à toutes les sortes de chasses, il n'en refuse aucune. Il a bientôt fatigué et pris les grands oiseaux d'eau, tels que le héron, la grue, la cigogne. Il est aussi très propre au vol du milan ; et si on l'emploie à des expéditions moins brillantes et plus productives pour la table, il réussit mieux qu'aucun autre, etc. »

On voit, d'après ce passage emprunté à la monographie de MM. Chenu, Verreaux et des Murs, que le milan, oiseau de proie bien caractérisé pourtant, loin d'être employé à la chasse, était, au contraire, un de ceux qu'on faisait chasser. Le vol du milan était, disait-on, plaisir de roi. On y employait non seulement les grands faucons, mais l'épervier, qui est cependant beaucoup plus petit que lui, et qui en venait à bout sans peine.

L'autour est de la même taille que les grands faucons (cinquante à cinquante-cinq centimètres). Ses tarses et ses serres sont robustes. Son plumage est bleu cendré sur la tête, la nuque et les ailes, blanc avec des raies transversales, brun foncé sur la gorge et sur le ventre. Il est commun en Russie, en Allemagne et en Suisse. C'est un oiseau de basse volerie. On l'emploie avec succès au vol du faisan et des grands échassiers. En liberté, il chasse, outre les oiseaux, les lièvres, les lapins, et au besoin les taupes et les mulots.

Il ne faut pas confondre l'autour avec l'*aigle-autour*, dont on connaît trois espèces, l'une propre à l'Amérique, les deux autres à l'Afrique. Ces oiseaux, bien que peu supérieurs aux faucons par la taille, se rapprochent cependant davantage, par leur plumage, par leur conformation et leurs habitudes,

Épervier commun.   Faucon d'Islande.   Milan noir.

des aigles proprement dits. MM. Chenu, des Murs et Verreaux les rangent dans le genre *spizaète* (du grec σπιζίας, épervier, et ἀετός, aigle), avec le *griffard*, le *jean-le-blanc*, l'*urubitinga* et la *harpie*. « Les spizaètes, disent ces naturalistes, peuvent rivaliser avec les aigles, car ils sont les tyrans de tous les petits quadrupèdes et de tous les oiseaux; ce sont de vrais despotes, qui abusent de leurs serres, de leur bec et de leur agilité pour faire la guerre à tout ce qui les environne et immoler tout ce qui les approche. « Le plus redoutable de tous est celui qu'on a désigné sous les noms significatifs de *harpie* et d'*aigle destructeur*. Sa physionomie a quelque chose de vrai-

Thrasaète - harpie.

ment sinistre. Ses yeux flamboyants, profondément enfoncés dans les arcades sourcilières, ont une expression de férocité terrible, à laquelle ajoute encore la crête de plumes dont sa tête est surmontée, et qui se hérisse lorsqu'il est animé par la colère ou par l'aspect d'une proie. Il est remarquable toutefois que la harpie n'attaque pas les oiseaux; c'est aux *paresseux*,

aux agoutis, aux sarigues et surtout aux singes qu'elle fait une
guerre acharnée. On assure même qu'elle ne craint pas de s'attaquer à l'homme et aux animaux carnassiers les mieux armés.
Elle habite les forêts humides des contrées les plus chaudes de
l'Amérique méridionale. Les Indiens professent pour cet oiseau
une sorte de culte, qui ne les empêche cependant pas de le
tuer pour s'emparer de ses dépouilles, auxquelles ils attachent
un grand prix ; mais ils préfèrent de beaucoup le prendre vivant

Circaète-bateleur.

et le réduire en captivité. Lorsqu'ils y réussissent, ils le conservent et le nourrissent avec grand soin. Deux fois par an ils
lui arrachent les plumes des ailes pour empenner leurs flèches,
et le duvet du cou pour s'en parer dans les grandes circonstances. Ils parviennent à le dompter, à l'apprivoiser et à le
rendre très docile. « C'est en quelque sorte pour eux un trésor,
dit d'Orbigny, et s'ils changent de campement, les femmes
sont chargées, l'une après l'autre, de porter l'oiseau. »

Près des spizaètes, ou aigles-éperviers, se placent les *cir-
caètes*, ou aigles-buses, dont l'espèce la plus curieuse est le

circaète-bateleur, ou aigle-bateleur de l'Afrique tropicale. Cet
oiseau a le plumage d'un bleu noir mat teinté de roux, avec
les tectrices des ailes grises, et la queue, qui est très courte,
d'un roux vif. Le bec est noir; le tour de l'œil et la cire sont
rouge orangé, ainsi que les tarses. L'aigle-bateleur est commun
dans la Cafrerie. Lorsqu'on le voit voler, on le prendrait pour
un aigle ordinaire, de petite taille, qui aurait, comme le renard
de la Fontaine, « perdu sa queue à la bataille. » Il plane en tournoyant et en poussant des cris rauques. « Souvent, dit Levaillant, qui a le premier observé et décrit cet oiseau, il suspend
tout à coup son vol et descend à une certaine distance, en battant l'air de ses ailes, de manière qu'on croirait qu'il s'en est
cassé une, et qu'il va tomber jusqu'à terre; sa femelle ne
manque jamais alors de répéter le même jeu. On peut entendre
ces coups d'ailes à une très grande distance... J'ai tiré le nom
de cet oiseau de sa manière de se jouer dans les airs : on croirait voir, en effet, un bateleur qui fait des tours de force pour
amuser les spectateurs. »

Je dirai peu de chose des grands aigles : *aigle impérial, aigle
royal, pygargue,* dont l'histoire occupe, dans tous les ouvrages
d'ornithologie, une si grande place. Buffon, qui, comme nous
l'avons vu, applique à ces oiseaux l'épithète méritée de tyrans
lorsque cette antithèse lui paraît propre à faire ressortir les
vertus pacifiques qu'il attribue au cygne, ne laisse pas de pro-
clamer ailleurs la royauté de l'aigle, qu'il compare au lion, et
auquel il prête, ainsi qu'au prétendu roi des quadrupèdes, des
qualités admirables : le courage, la grandeur d'âme, et jusqu'à
la *tempérance!...*

Le fait est que l'aigle est un animal féroce, d'une voracité
extrême, ayant, il est vrai, une grande prédilection pour le
sang chaud et la chair palpitante, mais s'accommodant fort
bien de viande faisandée et d'aliments impurs. Quant au courage dont on lui fait honneur, les écrivains qui l'ont vanté le
plus n'en ont jamais pu citer que des exemples d'une authen-
ticité contestable. La supériorité de son vol, de sa force et de
ses armes assure à l'aigle une victoire facile sur tous les animaux faibles et désarmés dont il fait sa proie. C'est seulement
lorsqu'il est pressé par la famine ou forcé de défendre sa vie
ou celle de ses petits, qu'il se décide à faire tête à des ennemis

capables de lutter avec lui ; et en cela il ne se montre pas plus
brave que beaucoup d'autres animaux qui ne sont pas comme
lui spécialement organisés pour la rapine et le carnage... Ai-je
besoin d'ajouter qu'il n'a nullement, comme l'a dit Aristote, la

Condor.

faculté de regarder fixement le soleil : faculté dont l'objet, du
reste, ne se concevrait pas ? Ce qui est plus exact, et beaucoup
plus avantageux pour l'aigle, c'est que, des hauteurs prodi-
gieuses où s'élève son vol, il voit et vise avec une précision
surprenante un lièvre ou tout autre petit animal blotti dans
l'herbe. Mais sous ce rapport, comme sous le rapport de la

force musculaire et de la puissance du vol, on doit placer encore au-dessus de lui le vautour géant des Cordilières, le *condor*.

On s'est plu à faire de l'aigle l'emblème de la valeur guerrière et des nobles instincts, et du vautour le type accompli de la couardise et de la bassesse. Cette opposition est tout imaginaire. L'aigle est un bourreau qui immole très lâchement des êtres inoffensifs ; le vautour est un croque-mort qui tout au plus

Catharte.

achève les mourants, et, pour l'ordinaire, se contente de dévorer les cadavres. Le vautour a donc au moins le mérite de remplir, comme agent de la grande voirie de la nature, une fonction qui nous inspire sans doute un légitime dégoût, mais dont nous ne pouvons méconnaître l'utilité. Le nom de *cathartes,* qu'on a donné aux vautours d'Amérique, signifie *nettoyeurs :* il exprime très exactement le rôle providentiel de ces mangeurs de charognes. Les vautours attendent que la mort ait fait son œuvre ; puis par troupes ils s'abattent sur l'animal dont les chairs vont se décomposer, répandre dans l'air l'infection. Ils le font disparaître. Le condor se rapproche davantage de l'aigle ; au besoin, il tue pour manger : toute la différence est qu'il se rassasie sur place, tandis que l'aigle emporte sa victime encore vivante dans son aire, pour l'y égorger et l'y dépecer à son aise.

Les rapaces nocturnes (*strigidés* d'Isidore Geoffroy-Saint-Hilaire), que nous appellerons plus simplement *chouettes*, ne ressemblent aux diurnes que par leurs appétits carnassiers et meurtriers, par la structure de leur appareil digestif et par la disposition ds leurs serres, rétractiles comme celles de leurs analogues quadrupèdes, les chats. A leurs habitudes nocturnes ou crépusculaires correspond, du reste, une organisation toute spéciale, qui les distingue nettement de leurs confrères les accipitrés. En effet, premièrement, tandis que ces derniers ont la tête allongée, le crâne déprimé, le sourcil saillant, les yeux dirigés obliquement, la mandibule supérieure soudée au crâne, les chouettes ont, au contraire, la tête arrondie et volumineuse, les yeux dirigés en avant et formant le centre de cercles de plumes disposées en rayons ; leur bec est court, presque entièrement caché sous les plumes et réuni au crâne par une *cire* molle, en sorte que les deux mandibules sont également mobiles, comme chez les perroquets ; leur *disque facial*, plus ou moins complet, leur donne un air de ressemblance grotesque avec certains visages humains.

En second lieu, tandis que les diurnes ont les tarses et les doigts nus, trois doigts dirigés en avant et le quatrième seulement en arrière, les nocturnes ont, presque tous, les pieds entièrement emplumés, et un de leurs quatre doigts articulé de manière à pouvoir être dirigé à volonté en avant, en arrière ou de côté.

En troisième lieu, les barbes des plumes, adhérentes entre elles chez les diurnes, opposent à l'air une grande résistance, ce qui permet à ces oiseaux de prendre un essor plus ou moins vertical, de planer et de fendre l'air directement.

Au contraire, les plumes des nocturnes sont moelleuses et duvetées, et leurs barbes sont rebroussées ; cette disposition rend leur vol silencieux, oblique et saccadé, et les oblige à partir toujours d'un point élevé, d'où ils commencent par faire une sorte de culbute avant de pouvoir voler. Enfin la différence principale entre les diurnes et les nocturnes consiste dans la structure de l'œil. La vue, chez les premiers, est perçante, et supporte sans être éblouie une lumière très intense. Chez les seconds, les yeux sont gros, la pupille très dilatée, la rétine d'une extrême sensibilité; la lumière du jour les offusque, et ils ne voient bien qu'après le coucher du soleil, dans la lumière diffuse. Il ne faut pas croire cependant qu'ils voient mieux encore dans l'obscurité complète. Le phénomène de la vision suppose nécessairement la présence d'une certaine quantité de lumière. Les chouettes aiment le clair-obscur; à la rigueur, elles préfèrent encore la nuit sombre au grand jour; mais n'oublions pas que la nuit la plus sombre est toujours quelque peu éclairée.

Les chouettes ont l'ouïe très fine, grâce aux vastes cavités dont se compose leur oreille interne. Ce sont ces cavités qui contribuent surtout à leur grossir la tête; car le volume de leur crâne ne correspond point à un développement proportionnel du cerveau, bien que cet organe soit aussi chez elles plus volumineux que chez les diurnes.

Le plumage des oiseaux de nuit n'offre point de teintes vives et tranchées : le brun, le fauve, le gris y dominent, mélangés de noir et de blanc; mais ces nuances y sont souvent disposées très agréablement, et présentent à l'œil des tons doux, que relèvent assez les mouchetures, les stries et les raies dont elles sont abondamment semées. Le plumage est aussi très doux au toucher, notamment sur le cou et sur la tête, où il est très épais. La queue est ordinairement courte, quelquefois étagée; les ailes sont obtuses dans la plupart des espèces.

Les chouettes vivent isolément, par couples; elles chassent aussi chacune pour son compte; mais souvent elles se réunissent pour émigrer. Elles sont foncièrement cosmopolites : il est parmi elles peu d'espèces qui appartiennent exclusivement à telle ou telle contrée; encore ces espèces peuvent-elles être transportées, sans en souffrir, dans un climat tout différent de celui de leur pays natal. Toutes ne sont pas également nocturnes : il en est qui chassent indifféremment le jour et la nuit. On les a nommées chouettes *épervières* ou *accipitrines*.

Les chouettes se nourrissent de toutes sortes de petits animaux : oiseaux, rats, mulots, souris, lézards, grenouilles; mais elles font surtout une grande consommation d'insectes.

La *chevêche* dépèce les souris qu'elle attrape. Cette espèce,
ainsi que quelques autres, a soin aussi de plumer proprement
les oiseaux avant de les dévorer; mais la plupart ne se donnent
pas tant de peine : elles engloutissent leur proie tout entière,

1 Petit-Duc.   2 Grand-Duc.   3 Effraie flamméchée.

après lui avoir seulement brisé les os, si la proie a des os, —
pour l'amollir un peu. L'estomac se charge du reste : c'est cet
organe qui sépare les parties nutritives et digestibles des substances dures et non assimilables, transmet les premières aux
organes secondaires de la digestion, et fait des secondes de

petites pelotes oblongues que l'animal rejette par le bec au
bout de quelques heures.

Les chouettes ont été partagées en un grand nombre de
genres, dont les plus connus sont les genres *duc, hibou, chat-
huant, effraie* et *chevèche*.

Les ducs sont remarquables par les deux aigrettes de plumes
qui ornent leur tête, et que le vulgaire prend pour leurs

1 Chat-huant.   2 Hibou-chouette.

oreilles. Leur nom, qu'il ne faut pas prendre pour un titre de
noblesse, leur vient du latin *dux* (chef, conducteur), parce
que, selon un préjugé fort ancien, ils auraient l'extrême com-
plaisance de servir de guides aux cailles dans leurs migrations.
La vérité est que, comme les cailles voyagent la nuit, les ducs
les précèdent souvent pour les attendre au passage, mais avec
des intentions qui ne sont rien moins que bienveillantes; ce
n'est point de la sympathie, mais bien du *goût* qu'ils ont pour
ce gibier. Outre le *grand-duc d'Europe* et le *grand-duc de Vir-
ginie*, les plus grands de tous les nocturnes, ce genre comprend

le *moyen-duc* et le *petit-duc*, ou *scops*. Ce dernier est à peine gros comme un merle. La taille du *hibou commun* est de trente-cinq à trente-six centimètres. Dans cette espèce, le mâle seul porte sur la tête deux aigrettes semblables à celles des ducs. Les chats-huants sont les chouettes des bois, répandues dans les deux mondes, et dont Audubon compare le cri *waha, waa-haha*, « au rire affecté d'un fashionable. » La chevèche est de la taille d'un pigeon. Son appétit est formidable : on assure qu'elle peut dévorer jusqu'à cinq souris en un seul repas. C'est un petit Gargantua emplumé.

L'effraie est une des plus jolies parmi les chouettes. Son plumage est d'un jaune roux glacé de brun et de gris sur la nuque, sur le dos et sur les ailes, et qui s'éclaircit sur le ventre. La gorge est semée de petites taches noires; l'iris des yeux est noir; la queue est courte, carrée et barrée de brun.

On sait que toutes les chouettes, et en particulier l'effraie, passent, parmi les habitants des campagnes, pour « des oiseaux de mauvais augure », qui « appellent la mort » dans les maisons sur le toit desquelles elles viennent se percher. Je n'ai pas besoin de dire combien ce préjugé est absurde ou ridicule. Il est, de plus, funeste; car il pousse les paysans à tuer impitoyablement des oiseaux qui leur rendent de précieux services en détruisant une multitude d'insectes, de reptiles et de petits rongeurs.

CHAPITRE IX

LES INTRUS

Je crois pouvoir me permettre de qualifier ainsi ces êtres étranges, ambigus, que la nature a, par un bizarre caprice, introduits dans le monde aérien; ces quadrupèdes qui volent et ne marchent pas, ces oiseaux qui ont des poils, un museau, des dents, et qui allaitent leurs petits.

Il s'agit, on le devine, des animaux que le vulgaire appelle très improprement *chauves-souris*, bien qu'ils ne soient nullement chauves, et que, hormis la couleur de leur poil, ils n'aient aucun point de ressemblance avec nos rongeurs domestiques. La Fontaine se rend, selon sa coutume, l'écho de l'erreur populaire, lorsqu'il fait dire à la chauve-souris :

> Je suis oiseau, voyez mes ailes,
> Je suis souris, vivent les rats !

Il ignorait aussi que, si les souris parlaient, elles ne crieraient certainement pas : « Vivent les rats ! » car elles n'ont pas de plus cruels ennemis.

Bref, les chauves-souris ne sont ni des oiseaux ni des souris. Ce sont des mammifères volants. Mais quelle place doit leur être assignée dans la classe dont elles font partie? Cette question a fort embarrassé les zoologistes. En tant que mammifères, les chauves-souris se rapprochent des singes, et même de l'homme; car chez elles la femelle est pourvue de deux mamelles seulement, et ces mamelles sont placées sur la poitrine. Ce caractère important avait décidé Linné à les placer dans son ordre des *primates*. Cuvier en fit la première famille des *carnassiers :* c'était une erreur, car, s'il y a des chauves-souris carnivores, il en est aussi qui sont insectivores, et d'autres qui sont herbivores. Les naturalistes contemporains se sont tirés d'embarras en formant de ces animaux une famille à part : celle des cheiroptères ($\chi\epsilon\ell\rho$, *main*, et $\pi\tau\epsilon\rho\delta\nu$, *aile*). Ils ont eu pour cela sans doute d'excellentes raisons, que je me garderai bien de contester. Je tiens seulement à faire observer que l'idée de Linné ne manquait pas de justesse. En effet, le squelette d'une chauve-souris ressemble beaucoup à celui d'un petit singe dont les bras, les avant-bras surtout, seraient excessivement longs, et dont les quatre doigts des mains auraient pris un développement encore plus démesuré, tandis que le pouce, non opposable, aurait conservé, ainsi que les jambes, des dimensions proportionnées à la taille de l'animal. Ce sont ces grands bras et ces grands doigts qui, réunis entre eux et avec les jambes par une vaste membrane, constituent les ailes des cheiroptères. Ces ailes sont mises en mouvement par des muscles très forts qui prennent leur attache sur le sternum, pourvu à cet effet d'une crête analogue à celle qu'on remarque chez les oiseaux.

Les cheiroptères volent avec rapidité, en tournoyant ou en décrivant des courbes plus ou moins sinueuses. C'est le seul mode de locomotion auquel ils soient réellement propres. A terre, ils se traînent péniblement en s'accrochant avec leurs pieds et le pouce de leurs mains aux aspérités du sol, et n'avancent que par une suite de zigzags, dont l'axe seul détermine la direction. La voracité de ces animaux est extrême, et les aveugle au point que pour le moindre appât ils vont se jeter dans les pièges les plus grossiers.

Leurs habitudes sont essentiellement nocturnes. Ce n'est qu'au crépuscule qu'ils se mettent en quête de leur nourriture. Pendant le jour, ils demeurent cachés dans les trous des vieux arbres, des rochers ou des vieux murs, ou plus ordinairement suspendus à une branche ou à une saillie par leurs pattes de derrière. C'est dans cette singulière position qu'ils se livrent au sommeil, enveloppés de leurs ailes comme d'une couverture; et pendant tout l'hiver leur sommeil dure vingt-quatre heures par jour.

Les chauves-souris, il faut le reconnaître, sont de fort vilains animaux. Leur laideur, jointe à leurs habitudes nocturnes, les a rendues, de tout temps et par tous pays, l'objet d'une aversion générale et d'une terreur superstitieuse. Dans l'antiquité ainsi qu'au moyen âge, on les regardait comme des émissaires du ténébreux empire. Elles figuraient dans toutes les scènes de diablerie, voltigeaient en rond sur la tête des sorcières chevauchant au sabbat sur leurs manches à balai, et soufflaient à leurs oreilles les paroles cabalistiques. Chose singulière pourtant : tandis que les préjugés contre les chouettes se sont perpétués presque partout, le peuple de nos villes et de nos campagnes est revenu, en ce qui concerne les chauves-souris, à des idées plus sensées et plus justes ; il les évite comme de « vilaines bêtes », mais il ne songe plus à les craindre. Il n'en est pas ainsi dans beaucoup d'autres pays, où elles sont désignées sous le nom de *vampires*, et où l'on croit qu'elles viennent la nuit sucer le sang des animaux et des hommes qui ont l'imprudence de s'endormir à la belle étoile. Cette opinion est-elle fondée sur quelques faits réels ? Est-il vrai que certaines grandes espèces carnassières, auxquelles les zoologistes eux-mêmes ont conservé les noms sinistres de *vampires* et de *spectres*, soient assez avides de chair et de sang pour attaquer les hommes et les bestiaux? Quelques voyageurs, dont le témoignage est peut-être suspect d'invention, ou tout au moins d'exagération, l'ont affirmé.

Un voyageur espagnol (si je ne me trompe), Sumilla, parlant du grand vampire du Mexique, dit : « Les chauves-souris sont d'adroites sangsues, qui rôdent la nuit pour boire le sang des hommes et des bêtes. Si ceux que leur état oblige de dormir par terre n'ont pas la précaution de se couvrir des pieds à la tête, ils doivent s'attendre à être *piqués* des chauves-souris. Si par malheur ces *oiseaux* leur piquent une veine, ils passent des bras du sommeil dans ceux de la mort, à cause de la quantité de sang qu'ils perdent sans s'en apercevoir, tant la piqûre est subtile; outre que, battant l'air avec leurs ailes, elles rafraîchissent le dormeur auquel *elles ont dessein* d'ôter la vie. » *Risum teneatis!* Voyez-vous ces *oiseaux* scélérats et perfides qui, *ayant dessein* de vous ôter la vie, vous rafraîchissent de leurs ailes pour vous assassiner sans que vous vous en aperceviez! Ce conte, évidemment, n'est que ridicule, et accuse, en même temps qu'une prodigieuse crédulité, une profonde ignorance de l'organisation des prétendus vampires. Il suppose que les chauves-souris piquent avec leur langue, comme on croit communément que les serpents piquent avec leur *dard*, et cela parce que cette langue, destinée à sonder les fissures des vieilles écorces d'arbres pour en retirer les insectes, est allongée et effilée. Voici un témoignage plus sérieux. La Condamine rapporte que « les chauves-souris qui sucent le sang des mulets et des chevaux, et même des hommes, sont un fléau commun à la plupart des pays chauds de l'Amérique ». Mais ce savant voyageur avait-il vu les chauves-souris dont il parle? Avait-il vu de leurs victimes, ou ne faisait-il que répéter ce qu'il avait entendu dire dans les contrées qu'il avait parcourues? Cette seconde hypothèse est la plus probable.

Buffon, qui, n'ayant jamais vu la plupart des animaux qu'il a décrits, était obligé de s'en rapporter aux dires d'observateurs plus ou moins véridiques, trouve un peu extraordinaire que des gens endormis puissent se laisser sucer le sang jusqu'à ce

que la mort s'ensuive, et passer de vie à trépas sans s'en apercevoir; mais, au lieu de révoquer en doute ce fait étrange, il
essaye de l'expliquer en admettant que les papilles fines et
acérées de la langue des vampires s'insinuent dans les pores
de la peau, et pénètrent assez avant pour que le sang obéisse à
la succion continuelle de la langue. Il ne dit pas comment une
chauve-souris grosse au plus comme une poule peut avaler

1 Vespertilion oreillard.   2 Vampire-spectre.   3 Grand-fer-à-cheval.

assez de sang pour faire périr un homme ou un mulet, ou comment, après que la succion a cessé, le sang peut continuer de
couler par d'aussi imperceptibles blessures. Ajoutons, — ce
qui tranche la question, — que les papilles acérées dont Buffon
arme gratuitement la langue du monstre n'ont jamais été vues
par personne.

La famille des cheiroptères compte cinq ou six genres, divisés en un grand nombre d'espèces répandues dans toutes les
parties du monde. Le plus important de ces genres est celui
des *vespertilionidés* (*vespertilio* est, on le sait, le nom latin de

la chauve-souris), auquel appartiennent la *chauve-souris murine*, la plus commune en France; les *oreillards*, dont on connaît une quinzaine d'espèces; les *rhinolophes*, parmi lesquels on peut citer, comme le plus grotesquement hideux de tous les cheiroptères, le rhinolophe *grand-fer-à-cheval*. Cet animal se rencontre aux environs de Paris et dans toute l'Europe occidentale. Il a environ trente-cinq centimètres d'enver-

Roussette d'Edwards.

gure. Son pelage est roux-cendré en dessus et jaunâtre en dessous. Il passe l'hiver endormi dans les vieux édifices et dans les carrières abandonnées. Son nez est surmonté d'une excroissance en forme de feuille, qui donne à sa physionomie déjà hideuse l'aspect le plus bizarre. Ce singulier appendice se retrouve, mais avec des dimensions moindres et une forme moins compliquée, chez les *vampires* et les *phyllostomes*. Enfin la famille qui renferme les plus grandes espèces est celle des *roussettes*. Ces animaux sont insectivores ou frugivores; leur chair est mangeable. Contrairement à la grande majorité des

insectivores en général et des autres chauves-souris en particulier, ils s'accoutument sans trop de peine à la captivité. On
connaît plus de trente espèces de roussettes, toutes propres aux
régions tropicales de l'ancien monde. Une seule de ces espèces
habite l'Égypte. Les autres se trouvent à Madagascar, à la
Réunion, à Maurice et dans les îles de l'archipel Indien.

Plusieurs naturalistes rattachent à l'ordre des cheiroptères
les *galéopithèques,* vulgairement connus sous les noms de
singes, de *chats* et de *chiens volants.* Mais ces animaux ont les
doigts antérieurs aussi courts que les doigts postérieurs. Le
développement de la peau qui relie leurs membres deux à deux
ne forme pas des ailes, mais une sorte de parachute propre
seulement à les soutenir quelques secondes lorsqu'ils s'élancent
d'un arbre à l'autre, et qui ne saurait justifier leur intrusion
dans le monde de l'air.

FIN

TABLE

10513. — Tours, impr. Mame.

www.ingramcontent.com/pod-product-compliance
Lightning Source LLC
LaVergne TN
LVHW052020060726
842528LV00002B/581